细节决定成败

影响孩子健康成长的100个细节

张振鹏◎著

上海交通大学出版社
SHANGHAI JIAO TONG UNIVERSITY PRESS

图书在版编目（CIP）数据

细节决定成败——影响孩子健康成长的100个细节 / 张振鹏著.
— 上海：上海交通大学出版社，2015（2019年重印）
ISBN 978-7-313-13796-8

Ⅰ.①细… Ⅱ.①张… Ⅲ.①习惯性 – 能力培养 – 青少年读物 Ⅳ.①B842.6-49

中国版本图书馆CIP数据核字（2015）第220642号

细节决定成败——影响孩子健康成长的100个细节

著　　者：张振鹏
出版发行：上海交通大学出版社　　　　　地　　址：上海市番禺路951号
邮政编码：200030　　　　　　　　　　电　　话：021-64071208
印　　制：青岛新华印刷有限公司
开　　本：787mm×960mm 1/16　　　　经　　销：全国新华书店
字　　数：260千字　　　　　　　　　　印　　张：17
版　　次：2016年1月第1版
书　　号：ISBN 978-7-313-13796-8/B　　印　　次：2019年4月第2次印刷
定　　价：36.00 元

前言

今天，想做大事的孩子很多，但是愿意把小事做细的孩子却很少。如果拒绝做"小事"，不能在细节上做到位，那么再伟大辉煌的理想也永远只是空中楼阁。如果想比别人更优秀，就必须在每一件小事、每一个细节上下工夫。要知道，成功就是由一件又一件的小事、一个又一个的细节积累而成的。

老子说："天下大事，必作于细。"《中庸》言："致广大而尽精微。"惠普公司创始人戴维·帕卡德也说："小事成就大事，细节成就完美。"这些都充分说明，想成就一番事业，实现自身的梦想，必须从简单的事情做起，从细微处入手，正所谓："成大业若烹小鲜，做大事必重细节。"对于孩子一生的成长来说，细节同样十分重要，会决定一生的成败！

研究表明，一个人的基本能力，如做人、做事、学习、交往以及生活等各个方面的能力，都是在童年、少年时期形成的。所以，作为孩子，一定要注意把握好这些方面的每一个细节。只有这样，才能为孩子的健康成长奠定坚实的基础。

孩子要对细节的重要性有正确的认知，要用细节来塑造自己，这样他才会变得聪明，会变得有智慧，即使置身于瓦砾之中，也能让自己闪烁出耀眼的光芒；孩子要注重细节，这样才能抓住身边的每一个机会，从而完善自己的人格，实现自身的价值。

荀子曾说："不积跬步，无以至千里；不积小流，无以成江海。"注重细节是一种习惯，它的养成需要长期不懈的坚持。不管做人还是做事，不管是学习还是交往，更抑或是生活，都要善于发现细节、重视细节。成功是一个持续积累的过程，任何希图侥幸、不重视细节的想法都注定是要失败的。

所以，每个孩子都必须改掉心浮气躁、浅尝辄止的坏毛病，只有从大处着眼，从小处着手，踏踏实实、一丝不苟、认认真真地从生活中的点滴小事做起，注重每一个细节，才能把大事做细，把小事做好，才能踏着由小事与细节铺成的大道大展宏图，迎来绚烂的明天。

可见，细节决定成败，小细节影响孩子的大成长。那么，孩子的成长应该注意哪些细节呢？本书从做人、做事、学习、交往与生活这几个方面，全面总结了影响孩子健康成长的100个细节。每个细节开头是点睛之笔，接着用经典故事做导引，并对故事进行适度解析，让孩子能更进一步认识细节的重要性。同时，每个细节后面都有一个"身体力行"板块，为孩子提供落实细节的具体指导建议。这些建议非常直观，切实可行，极具操作性。

特别值得一提的是，本书中植入了中华传统文化的精华，让孩子学习并把握这些细节的同时，还能感受到每一个细节中所蕴含的不朽智慧，更能领略中华传统文化的魅力，从而进一步认识到，传统文化并非高高在上，不可触摸，而是可以实实在在地指导今天的生活的。

全书内容丰富新颖，涵盖广博、全面，紧紧围绕孩子要注意的细节展开，摒弃说教，力求对孩子有更多的实际指导意义。

衷心希望每位阅读本书的孩子在今后的日子里，都能把握好成长中每一个细节，学会做人，学会做事，学会学习，学会交往，学会生活，获得终生受益的成长智慧，健康快乐地成长，早日成才！祝福天下孩子！

编　者

目 录

第一章　做人的细节 1

对每个人来说，做人永远是第一位的。会做人将影响我们一生的成长，会决定我们的未来。所以，我们要从小在自己心中撒播下成功做人的种子，培养正确的人生态度，让自己具备高尚的品行。只有学会做人，才能更好地去做事、学习、交往，才能更好地生活。

第一章

做人的细节

对每个人来说，做人永远是第一位的。会做人将影响我们一生的成长，会决定我们的未来。所以，我们要从小在自己心中撒播下成功做人的种子，培养正确的人生态度，让自己具备高尚的品行。只有学会做人，才能更好地去做事、学习、交往，才能更好地生活。

▶ 1. 把笑脸献给父母

孝是中华民族传统美德的基本元素,是中国人品德形成的基础。我们从父母那里获得生命,理应知恩感恩,孝敬父母。孝顺父母有很多层面的含义,也有很多方式,但首先是要给父母一个好脸色,把笑脸给父母,这是孝的第一步。

一位母亲给报社记者打电话,对自己读初中一年级的儿子的行为感到很伤心,她说:"每次吃饭的时候,即使大人们都到齐了,如果他没有来,大家就不能开饭,否则他就会大发脾气,哄都哄不好。"

其实,这并不是个例,对此,很多父母都有同感。他们说,也不知道什么原因,现在的孩子脾气真大,生活中稍微有点不如意,就不给父母好脸色,甚至对父母恶声恶气。

无独有偶,某区委针对青少年对父母的态度,对 600 多名中小学生进行了一次抽样调查,结果显示:超过 65% 的学生在家经常不给父母好脸色,经常顶撞父母,对父母发脾气。比如说,在问卷中有这样一道题目:"当父母不能满足你的要求时,你会怎么样?"结果,大多数学生选择了与父母争辩或者摔门而去。

这位记者感叹地说:"现在的孩子到底怎么啦?为什么不能给父母一个好脸色?为什么脾气这么大?"

是呀,做子女的为什么不能把笑脸献给父母,给他们一个好脸色呢?《论语·为政》里讲到:子夏问孝。子曰:"色难。有事,弟子服其劳,有酒食,先生馔,曾是以为孝乎?"意思是说,子夏请教老师什么是孝。孔子说:"做孩子的要尽孝,最不容易的就是对父母和颜悦色。今天所谓的孝,就是有一些要做的事,孩子们都会抢着去干;在一个物质条件不很丰富的情况下,尽量做到让父母长辈有吃有喝。

但这样做就可以算'孝'吗？"既然这样问，很显然，这不算是孝！

那么，要做到真正孝敬父母，应该注意什么呢？

要给父母一个舒心的笑脸

孝敬父母，关键在于给父母一个好脸色。其实，给父母吃喝，满足父母的物质生活并不难，难的是给父母一个好脸色。如果一个人只知道给父母物质上的供给，但从来都是一张冷冰冰的脸，那么，父母的心里会是怎样的滋味？

对于父母来说，即使让他们天天吃山珍海味，而见到的却是儿女嫌弃厌恶的脸色和眼神，他们是不会开心的，还会感到十分的伤心。

也许有人说，我可没那么过分！是的，不过我们要记住，对父母一时以笑脸面对并不难，难的是当父母做了什么让你不满意的事情时，你还能对父母保持一颗恭敬的心，还可以微笑着面对他们。

所以，我们应该永远记得"色难"这两个字，永远不对父母恶脸相向，更不能恶语相加，让父母快乐开心。因为好脸色是孝的第一步，只有我们能给父母一个微笑的脸庞，才说明我们内心与父母是没有对抗的，我们是对父母心存感恩的，父母见到我们这样孝顺的态度，才会真正感到宽慰。

孝敬父母不能等

孝敬父母之所以不能等，是因为人的生命是有限的。千万不要等到父母不在时，才后悔当初没有好好孝敬父母。我们应该珍惜每一次与父母在一起的时光，不管遇到什么事情，都要和颜悦色，不乱发脾气。

很多孩子都认为现在父母还年轻，等父母老了，自己有钱了，就可以给父母带来富裕的生活，好好孝敬父母。殊不知，父母要的并不是儿女的金钱和其他物质财富、精神财富，而是望子成龙，更期待其乐融融、阖家团聚的天伦之乐。

古语说："树欲静而风不止，子欲养而亲不待。"意思是说，我们与父母相聚的时间是非常短暂的，千万不要等到父母不在了，才想起要孝敬他们。如果不能及时行孝，我们就会留下终身的遗憾。所以，当父母健在时，我们要及时尽孝，报答父母的养育之恩，尽到做儿女的义务！

如果等父母不在,你有再多的时间和金钱也不能孝敬父母。这样的事情是人生的一大悲哀和痛楚,留在心底的痛,是永远没办法弥补的。所以,我们要及早尽孝,不要给自己和父母留下遗憾!

尽孝不在物质多少

俗话说:"百善孝为先。"孝敬父母是一个人的本分,是人间一切美德的最基本的条件,而尽孝也不在于物质的多少。现在,我们正在求学,无法每天陪在父母的身边,也无法创造多少财富孝敬父母。但是,我们可以在放学后或者节假日和颜悦色地陪父母聊聊天,快乐地为父母分担一些家务,勤奋认真地学习,不让父母为我们担心,更不要惹父母生气和伤心。这样做就是很好的尽孝。

▶ 身体力行

1. 感谢父母的养育之恩。了解父母孕育生命的整个过程以及父母养育孩子的艰辛,深刻体会父母的伟大,从而产生对父母的孝心。

2. 孝敬父母要从小事做起。孝敬父母并不一定是做什么大事,真正的孝顺是从生活中的小事体现出来的。比如,帮劳累了一天的父母做一顿可口的饭菜;给父母洗洗脚;时常关心父母的身体健康和心里感受;在父母生日时献上一份礼物,说一声"生日快乐"等等。

3. 对父母的言语要恭敬。如果一个人对自己父母的言行不够恭敬,就谈不上是尊敬父母,更别说孝顺了。殊不知,我们粗鲁的言行会让父母感到伤心难过。所以,对父母孝敬,一定要言语柔顺。

4. 要让父母放心。我们应该常常关注父母的心情,不要让父母为我们担心。比如,我们学习不努力,成绩不好,这就不是孝;我们不听老师的话,德行不好,这就不是孝;我们和兄弟姐妹、亲戚朋友相处不融洽,这就不是孝……所以,我们要时常体恤父母的心,在各个方面努力做好,让父母放心,让他们长生快乐心。

2.找个时间去拜访老师

当我们回首自己的成长经历时,一定不要忘了细数一下教导过自己的恩师们。我们走到今天,能认识这段文字,能有这样的学识,与老师的辛勤教导是分不开的。所以,我们一定要尊敬师长,不忘师恩。

王莉是一个可爱的女孩。当她读小学一年级时,身体里竟然长了一个肿瘤,必须接受治疗。经过3个月的化疗,她最终战胜了病魔。但她没以前那样活泼了,因为她的头发全都掉光了,她很担心以后的学习生活。虽然,她很聪明很好学,足以补上落下的课程。但让一个六七岁的小女孩每天秃着脑袋去上学,是多么残酷的事啊!

在王莉返校上课前,王莉的班主任老师郑重地在班上宣布:"从下个星期开始,我们要学习认识不同款式的帽子,所有的同学都要戴着自己的帽子来上课,帽子越新奇越好!"孩子们并不知道老师为什么要这样做,但他们非常高兴地答应了。

星期一的早上,王莉回到了她那熟悉的校园。可她站在教室的门口却不敢进去,她担心其他同学看见她戴着帽子会笑话她。但总是要进去的,挣扎了半天之后,她走进了教室。

当王莉迈进教室时,她竟然发现,她的每一个同学都戴着一顶帽子,和那些五颜六色的帽子相比,她那顶帽子显得再普通不过了。当然,这也根本没有引起其他同学的注意,而她忐忑不安的心也平静了下来。

就这样,日子一天天过去了,在这期间,王莉常常忘记自己戴着一顶帽子,而她的同学们似乎也忘记了。

如果王莉的班主任老师没有要求同学们都戴帽子,同学们也可能会笑话小王莉,她可能就会自卑,可能就会生活在黑暗中。

老师用一颗善良的心,保护了王莉脆弱的心,从而让她扬起了远航的风帆。多年后王莉再提及当年的往事,依旧对老师心怀感恩。

自古以来,中华民族就有尊师重道的传统美德。无数老师,孜孜不倦地传道、授业、解惑,默默奉献着毕生的精力,使得华夏文明的薪火代代相传。

古人有"一日为师,终身为父"的说法。古时的拜师礼,是三跪九叩的大礼。这不仅是对老师的尊重,更体现了对中华文化道统的礼敬。这跪拜礼,是中华儿女对祖先殷殷教诲的感恩,是对中华传统文化的至诚恭敬的顶礼!

9月28日,是大成至圣先师孔子的诞辰日。"谁言寸草心,报得三春晖。"回想往昔,难忘师恩,唯有当下切实力行老师的教诲,才能报答深恩。

懂得尊重老师的人,以后走进社会,会因为这份恭敬心而处处遇到贵人,我们要让自己成为那个常遇贵人之人。所以,我们要懂得感谢老师的教导之恩!

把老师的名字珍藏在心底

在我们的人生路上,我们有很多恩师的陪伴,他们的道德情操高尚,见闻渊博,传授给我们做人的道理和各种知识、经验教训,我们应该向他们学习。

每个人的成长,如果离开了勤于浇灌的园丁,大多数人都不能靠自己摸索而抵达博学的彼岸。恩师,应该是被我们珍藏在心底的名字。试想,如果我们从幼儿园一直到大学毕业,把老师的名字排列起来,足有一大串,每一位我们都不应该忘记,我们都应该感激。

每个阶段的老师都值得感恩

世界上最早的教育学专著《学记》里提到:"亲其师,信其道!"只有至诚恭敬老师,亲近老师,才能真正接受老师的教诲,才能让自己受到最大的益处。

据报道,在纽约的一辆小车上有这样一句话:"如果你认识这行字,请感谢你的小学老师。"这辆小车所到之处都吸引了很多路人,牵动了大家对小学时代的温馨追忆。这句话之所以能够打动纽约街上不同肤色不同职业的人们,是因为小学老师更值得人们怀念和感激,因为他们是人生启蒙之师。

老师教我们做人,教我们学习知识,解决我们的许多疑难,纠正我们的错误,让我们人生的旅途上少走了许多弯路……这一切的一切,难道不值得我们深深感恩吗?我们成长的每个阶段都会遇到我们的老师,他们对于我们的成长付出了心血，我们应该对每个阶段的老师都心存感恩。

尊师重教，从内心感恩老师

教师之于我们的影响，也许仅仅次于父母。为人弟子者，不论财富多巨大，不论地位多显赫，都不应该忘记恩师的培养之恩。一个人如果不知对老师感恩，他一定也不会重情重义！

古今中外，尊师敬长的动人故事感人肺腑，并被传为美谈，这种师生情谊任何人际关系也不可比拟、不可替代。

有一个典故叫"程门立雪"，用来形容尊敬老师，虔诚求教。这个故事说的是宋代学者杨时和游酢去拜会老师、当时著名的理学家程颐先生。程颐先生正在闭目养神，杨时、游酢二人恭敬地站在一旁，等了很长时间。程颐先生醒来时，门外的大雪已经有一尺深。后人就以"程门立雪"作为尊师重道的范例。

每个人的成长都离不开老师的培养与教导！伟人也都是踩着老师的肩头攀上事业的峰巅的！要尊师，因为老师是人类文化成果的传播者。老师甘为人梯，默默无闻地为学子授业解惑，就像春蚕甘于奉献，就如红烛喜照他人，他们的修养与学识理应受到尊重。

其实，在我们每个人的心底，"传道、授业、解惑"的恩师都会被细细地珍藏。"恩师"二字，不知引发了我们多少温馨的回忆和无以言表的感激。

▶ 身体力行

1. 沿着熟悉的小路，去拜访恩师。古语说："师哉师哉，僮子之命也。"父母给了我们生命，而老师教会我们智慧地生活，给了我们智慧的生命。老师的谆谆教诲，就像滋润我们心田的清凉甘露，哺育我们这些小苗茁壮成长。老师的一言一行，都是我们做人的榜样，能够遇到良师，承蒙其教诲，是我们一生中的幸事。不要再犹豫什么了，因为时间不容等待，如果我们还没有忘记老师，就让我们沿着上学时那条熟悉的小路，去拜访一次我们的恩师吧。

2. 用现代沟通方式问候老师。如果因为地理位置的限制，那就让我们查询一下老师的电话、邮件或者是微博、微信等，问候一下老师，给老师一个惊喜。

3.给老师寄张贺卡。把教导过我们的老师的名字牢牢地记在心里,在每个重要的节日,如教师节、感恩节、元旦、春节时,给他们寄一张贺卡,写上我们衷心的祝福和真诚的感谢。

4.给老师写封信。在每一个我们认为有意义的日子,给老师写一封信,同时企盼这封信能够通过邮递员,奇迹般地传递到老师的手中。

5.对没有对我们授业的老师表示感谢。虽然他没有教过我们课程,但在某个特殊场合,他对我们有几句善意的提醒;他能一眼洞察我们的潜力,永远祝福我们;在我们失落时,让我们看到希望;在我们得意时,为我们敲响警钟;他让我们深信自己;在特别的时刻,他会助我们一臂之力……只要对我们的学业或人生有所帮助,我们都要深深地感激他,因为他也是我们生命中不可忘怀的恩师。

▶ 3.做错事一定要承认

生活中我们难免会做错事,这并不可怕,可怕的是做错了不敢承认,还撒谎。一个人想有所作为,首先就需要拥有做人的美德——诚实。因为诚实是做人的重要基础,也是为人处世的最基本要求。

列宁8岁那年,一天,母亲带着他去姑妈家做客。列宁活泼好动,一不留神就把姑妈家的一只花瓶打碎了。当时,谁都没有看见是他打碎的花瓶。列宁因为害怕受到惩罚,所以他没有主动承认花瓶是他打碎的。

母亲已经猜到花瓶是列宁打碎的。但是,要不要当众揭穿他呢?母亲思考着,她觉得这是一个了解儿子是否诚实,能否在犯错误后对自己的不诚实行为有所认识的机会。

在接下来的几个月,母亲一直保持沉默,并暗中观察列宁,她是在等待列宁自己发现错误并勇敢地承认。果然,母亲的沉默让列宁察觉到了自己的错误。

有一天,在临睡前,母亲走到他的跟前,并没有说什么,只是慈爱地抚摸着他的头。这时，列宁再也受不了心里的谴责，失声大哭起来。他说："我骗了姑妈，花瓶是我打碎的！"

看到儿子能够勇敢地承认错误，母亲欣慰地笑了，他安慰儿子说："没关系，你既然承认了错误就还是个诚实的孩子，你给姑妈写信，姑妈一定会原谅你。"

于是，列宁立即给姑妈写了一封信，承认了错误。几天后，列宁收到了姑妈的回信，在信中她不但原谅了列宁，还表扬他是一个诚实的好孩子。

一位智者说："没有谁必须要成为富人或成为伟人，也没有谁必须要成为一个聪明的人，但每一个人必须要做一个诚实的人。"在生活中，我们要摒弃谎言，要诚实。因为诚实是人生的命脉，它显示着一个人的高度自重和内心的安全感与尊严感。

诚实是一种美德，是一种源源不断的财富。诚实是一种取之不尽、用之不竭的智慧。诚实是一种寄托，是现代文明的重要标志之一！诚实是立人、立业之本，也是每一个公民应有的基本素质，是做人的最起码要求。

付出诚实，收获信赖

德国著名哲学家康德曾说："诚实的人最聪明，诚实比一切智慧都重要，因为它是一切智慧的基本条件。"

10岁的汉森正和小朋友们玩棒球。一不小心，他把球掷到了邻居的汽车窗上，把玻璃打碎了。别的小朋友都吓得跑回了家。汉森呆立了一会儿，决定去向邻居承认错误，邻居原谅了汉森。不过，当晚汉森向父亲表示，他愿意把自己赚的钱赔偿给邻居。

第二天，汉森又一次敲开了邻居家的门，说："我愿意赔偿。"邻居笑着说："你很诚实，又愿意承担责任，不过，我不要你赔偿，还很乐意将这辆汽车送给你作为奖赏。"后来，汉森说："经过这件事，我更懂得诚实是可贵的。我以后都会做一个诚实的人。"

可见，诚实自有它的报偿。如果我们付出诚实，就会收获信赖；如果我们付出谎言，就会得到欺骗。

对自己诚实,对他人诚实

诚实就是我们人生路上的一盏明灯,照耀着我们的前程。学着对自己诚实,才能更加清楚地认识自己。学着对周围的人诚实,才能得到大家的认同和接受,才能和周围人有良好的人际关系。也只有学着做一个诚实的人,才能在和他人的交往中做到诚实待人,不欺骗别人。当我们做到这些时,就会发现,周围的人对我们都十分友好,因为自己诚实的品格吸引了别人,让别人信赖和认同。

诚实就是一个人做人的根基,不论是对自己还是对他人都应该诚实。一个人如果做不到诚实,也就不要奢望他能做成什么大事了,因为他连最起码的做人的标准都没有了。

▶ 身体力行

1. 注意身边的小事,要从小事做起,做一个诚实的人。千万不要以为事小而不值得做,其实,生活就是由这些小事构成的。试想,一个连小事都不能做到诚实的人,别人根本就不会相信他能在大事上诚实。

2. 诚实是自觉的行为。这是我们要求自己从内心真正认识到诚实的重要性后作出的选择,而非一时心血来潮或在别人的要求下去做。

3. 从小不对别人撒谎。因为谎言就像炸弹一样,会随时爆炸,炸碎自己的信誉,也会炸毁别人的信心,甚至炸出误解和怨恨。

4. 出现缺点和错误时要勇敢承认,接受批评,绝不隐瞒。

5. 多读一些有关诚实的书或故事。针对社会上那种坑蒙拐骗的行为,自己一定要能明辨,要坚信这种不良行为必将受到惩罚。

6. 诚实但不要迂腐。比如,有人因重病入院,家人为了不使他伤心而刻意隐瞒病情。如果你还去告诉病人关于他的真实情况,不但不会因为自己"诚实"而心安,还会受到他家人的责怪。所以说,诚实固然是好,但是也要注意变通。

▶ 4. 珍惜每一粒米、每一滴水

> 勤俭节约是中华民族的传统美德，也是我们应有的品质。今天，我们应该加强勤俭节约的意识，传承这一民族美德，并将其发扬光大。我们要从小培养勤俭节约的好品质，从珍惜每一粒米、节约每一滴水开始。

据测算，40000 粒大米重约 1 千克，我国 13 亿人口，如果每人每天节约 1 粒米，则全国每天可节约 32.5 吨大米，每年可节约 1.2 万吨大米，相当于节约了 4 万亩耕地上生产的粮食，足足可养活 3.5 万人。

所以，我们应该深刻体会到节约粮食的重要性，当然不仅要节约米，还有诸如水、电、纸等，都应该节约。

很多人认为，勤俭节约的观念已经过时了，"勤俭"一词也渐渐被一部分人遗忘了，这是非常不应该的。勤俭节约是中华民族的传统美德，历来为国人所提倡。

三国时期蜀国贤相诸葛亮在《诫子书》中写道："夫君子之行，静以修身，俭以养德。"也就是说，那些有道德的人，通过静思反省来让自己尽善尽美，以勤俭节约来培养自己高尚的品德。

唐朝诗人李商隐说："历览前贤国与家，成由勤俭败由奢。"意思是说，尽看前朝旧事，成功来自勤俭节约，而奢侈浪费最终会导致国破家亡。

明朝教育家朱柏庐先生在其《治家格言》中说："一粥一饭，当思来处不易；半丝半缕，恒念物力维艰。"意思是说，一碗粥、一碗饭，应当想到得来是不容易的；一丝一线，应常想到，这些东西生产出来是很艰难的。

这些都充分说明节俭对于家国的重大意义。所以，我们要静下心来，仔细咀嚼民族传统精神"盛宴"，做到勤俭节约，并把这一美德发扬光大。

勤俭是世界通用准则

勤俭也是世界性的传统道德准则,每年 10 月 31 日是"世界勤俭日",勤俭已经为世界瞩目,成为了一个国际性主题! 日本人正在崇尚"清贫思想",他们在用我国明朝《菜根谭》上的格言管理企业。法国人也在更新观念,以俭朴为荣,政府倡导全民勤俭过日子。西方一些发达国家开始提倡"简单生活",因为他们发现了简单生活所带来的快乐。可见,勤俭节约也已经成为一些发达国家的新时尚。

世界首富比尔·盖茨,日常生活非常简朴节约,他认为,不管是富足还是贫穷,一个人只有用好每一分钱,他才有可能事业有成。世界知名企业瑞典宜家(IKEA)的创始人英格瓦·坎普拉德的财富曾一度超过比尔·盖茨,但他的生活却俭朴得难以置信:座驾是一辆已经驾驶了 15 年的轿车,乘飞机出行总是坐经济舱。

懂得勤俭,远离欲望无底洞

作为孩子,我们应该从小养成勤俭节约的好习惯,要知道父母为生活所作的艰苦付出,要懂得饮水思源,不能忘本。勤俭节约是我们做人的重要品质,只有懂得节俭,才能让自己远离无底的欲望,才能创造人生的成功。

▶ 身体力行

1. 试着改变消费观念,树立节俭的意识。钱一定要花得有意义,真正做到物有所值。现在我们怎样花钱,将会直接影响到我们将未来管理金钱的能力和习惯。

2. 在生活中身体力行节俭。如果去比较远的地方购物或活动时,最好乘坐公共交通工具;可以在超市或商场购买一些打折的生活必须商品,当然也可以利用商家的购物优惠券购买;可以尝试在网上购物,一般来说,大型的购物网站商品都打一定的折扣,比如京东商城、当当网、亚马逊网等。

3. 懂得珍惜物品。我们所吃、所穿、所用的都来之不易,都是人们用汗水和心血创造出来的。随意浪费就是不珍惜别人的劳动果实、不尊重劳动者的表现。

4. 知道钱是怎样花出去的。利用去市场买菜或交水电费、电话费、上网费等机会,了解家里的钱是怎样花出去的。

5. 经常参加劳动,体会劳动的艰辛。如果有条件,可以去参观工厂、农村的生产劳动过程。

5. 经常对别人说"谢谢"

每一天，我们都要记得经常对别人说"谢谢"。对于别人给你的帮助，要心怀感恩。学会感恩，我们就会快乐永存，就会发现生活是如此美丽，就会感到人生是如此绚丽……

在西方有这样一个传说：

两个人同时去见上帝，上帝见他们十分饥饿，就先给他们每人一份食物。一个人接过食物后，很是感激，连声说："谢谢，谢谢！"另一个人接过食物后，无动于衷，好像就该给他似的，径自大吃起来。

之后，上帝只让那个说"谢谢"的人上了天堂，而另一个则被拒之门外。

被拒之门外的人不服气："我不就是忘了说'谢谢'吗？"

上帝说："不是忘了。没有感恩心，就说不出'谢谢'；没有感恩心，就不知道爱别人而且也得不到别人的爱。"

那个人还是不服："少说一句'谢谢'，差别也太大了！"

上帝又说："没办法。因为天堂的路都是用感恩心铺成的，天堂的门只有用感恩心才能打开，而下地狱则不用。"

"谢谢"，一个简单美丽而温暖的词，是人生天平上的一个砝码，能准确测出一个人道德水平的高低、文明程度的大小、生命的轻重。不懂得谢谢的人，就不懂得爱，不懂得做人。

"谢谢"有多少，爱就有多少；爱有多少，"谢谢"就有多少。有时，千言万语的感激之情，都凝结在"谢谢"这两个字上，这两个字会把所有的感激之情表达得更完美、更淋漓尽致。一声"谢谢"，是连接人与人之间感情的纽带，是架在人与人之间心灵的桥梁……

世间若没有了"谢谢"，比失去水的沙漠更可怕。在生活中，你有没有经常说

"谢谢"？

每天早上提醒自己说"谢谢"

每天早上，当我们睁开眼睛时，我们就要提醒自己，记得说"谢谢"。告诉自己，不懂得"谢谢"的人，就不懂得人生，不懂得生活，不懂得爱，不懂得做人。

一位活了104岁的老太太的长寿秘诀有两个：一是要幽默，二是学会感谢。结婚80年来，每天她说的最多的两个字就是"谢谢"。她感谢父母、感谢先生、感谢孩子、感谢邻居、感谢大自然赋予她的种种关怀与体贴，感谢每一个祥和、温暖和快乐的日子。是"谢谢"让老太太有了长久的快乐与幸福。

一个盲人女孩在妈妈生日那天送给她一份礼物——扎在生日贺卡上的盲文。妈妈看不懂，就请人翻译了出来："妈妈，谢谢您把我养大！虽然您没给我明亮的双眼，但谢谢您给了我生命；虽然我看不见您，但我永远爱您……"这段盲文竟让妈妈泪流满面，并把它看作一生中收到的最珍贵的礼物。

研究发现，经常说"谢谢"的孩子的情商更高：机灵、热情、坚定、细心而且更有活力；而且，这些孩子也更乐于帮助别人。所以，就让"谢谢"带给我们高情商吧！

真诚地感谢周围每一个人

现在好好地想一想，在生活中，不论是对我们最亲爱的爸爸妈妈，还是对每一个帮助过我们的人，自己有没有经常说"谢谢"呢？要懂得感谢，只有当我们用心去体会生活，用爱去感受生活，我们才会发现，我们收获了很多很多。

真诚地感谢——感谢我们周围的每个人，感谢上苍赐予我们健康的身体，感谢我们所经历的各种考验，感谢我们所能感受到的情感，感谢我们所能见到的大千世界，感谢其他人对我们的善行……

如果你想说"谢谢"，就请你立刻说出来吧；如果你怀有一颗感恩心，有一种感激之情，就尽快表达出来吧！要让"谢谢"成为伴随我们成长的好伙伴。

▶ **身体力行**

1. 从内心深处知感恩。可以在吃饭前念诵感恩词："感谢天地滋养万物，感谢党和国家的培养，感谢父母的养育，感谢老师的辛勤教导，感谢同学的关心帮助，感谢农民的辛勤劳作，感谢所有人的信任与支持。"

2. 感恩并不只是说声"谢谢"这么简单，更要懂得其内在的深意。感谢他人的心意和友善，以及花在自己身上的宝贵时间。分享内心的感恩之情，并将这种心情充分地表达出来，也是一种快乐。

3. 在你生日那天，真诚地对父母说一声："谢谢！"告诉他们，你对生命的感激和体会；告诉他们，你一直知道他们的爱，你将永远爱他们。在三八妇女节、母亲节、父亲节，记得给爸爸妈妈献上一份礼物，并对他们说："节日快乐！"经常对父母说："您辛苦了！谢谢您！"

4. 乘坐公交车，别人给我们让座时，我们应该说"谢谢"；接受别人的帮助时，我们应该说"谢谢"。想一下，还应该在生活中的哪些场合、情景下应该说"谢谢"？

▶ **6. 学会说"对不起"**

如果自己犯了错误，应该在他人觉察前就大胆承认，说一声"对不起"，真诚地向人道歉。如果我们真正从所犯的错误中汲取了教训，那么，我们所获得的不仅仅是经验，更多的是智慧。

乔治·华盛顿是美国第一任总统，深受美国人民的爱戴。小的时候，他又聪明又淘气。

一天，父亲送给他一把崭新的小斧头，并嘱咐他说："你把果园里影响果树生长的杂树砍掉。不过，你要小心一点，不要砍着自己的脚，也不要砍着正在结果的树，尤其要注意我那棵樱桃树。"

华盛顿答应了，他挥动斧子拼命地砍着杂树。结果，他还是有些不小心，把父亲最深爱的那棵小樱桃树砍断了。华盛顿害怕父亲生气，就把所有砍断的树堆在一起，还用杂草把樱桃树盖了起来。

傍晚，父亲回来了，看到心爱的樱桃树倒在地上，他知道是华盛顿不小心砍掉的。所以，他假装没有看见，还表扬他说："你真能干，一个下午不但砍了这么多树，还把坎断的树堆在了一块儿。"

听了父亲的话，华盛顿的脸红了，他惭愧地对父亲说："爸爸，对不起，我不小心砍了您的樱桃树。我欺骗了您，您责备我吧！"

父亲听后，不但没有惩罚他，反而赞扬他说："学会道歉是英雄的行为，爸爸不会责备你的，你的一声'对不起'比爸爸心爱的樱桃树要珍贵的多。"

从这件事中，不难看出华盛顿是真诚地向父亲道歉的，他是有心要改过。在我们做错事时，真诚地向别人道歉，说一声"对不起"，这是明智之举。

承认错误，及时道歉

在生活中，我们会不断地犯错。实际上，我们正是在不断犯错误、不断改正错误过程中成长与发展的。犯了错误，我们要敢于承认，及时说一声"对不起"，这样，我们才能成为一个完善、健康和高尚的人。

说"对不起"并不意味着丢脸，相反，它意味着勇于改正错误。大科学家爱因斯坦就曾当众改正自己的错误。很早之前，他曾提出一个理论，后来有人对此提出疑问。经过仔细研究，他终于放弃了自己的观点，接受了别人的意见。然后，他在一次报告中当众改正了自己原来的结论，并向大家道歉。难道他的这种道歉意味着丢脸吗？当然不是。

勇于道歉是一种成功

勇于道歉并不是失败，而是一种成功；说"对不起"并不意味着服输，而是意味着进取。真诚地说一声"对不起"是我们与他人建立信任的桥梁。所以，面对错误，让我们学会说"对不起"，这样我们才能不断地完善自己。也就是说，我们还应该在错误中汲取教训，后不再犯。

道歉后，要努力去改过

说一声"对不起"，勇于道歉后，最重要的就是改过。

古人说："人非圣贤，孰能无过。过而能改，善莫大焉。"意思是说，人不是完人，所以不能一辈子不犯任何错误。重要的是犯了错误以后能够及时改正，以后不要再犯同样的错误，没有比这更好的事情了。

孔子说："过而不改，是谓过矣。"也就是说，一个人有过错不要紧，只要能改，能改过就好。如果有过错而不肯改，这就是大过，真正的过错。改正错误有百利而无一害，如果知错不改，形成了习惯，就会让自己后悔莫及。

《弟子规》言："过能改，归于无，倘掩饰，增一辜。"如果犯了错，死不认账，还要去掩饰，那就是错上加错。所以，犯错之后，不要极力掩饰，否则，错误就会成为我们无法逾越的鸿沟。不能从错误中吸取教训，就会阻碍我们的成长。

▶ 身体力行

1. 对自己的过错负责。人无完人，每个人都会犯错误，一旦犯错误，我们一定不要给自己找任何借口，要勇于对自己的错误负责。这是值得称道的行为，逃避错误不会成就大事。

2. 错误发生后，首先要坦率承认错误，真诚地道歉，使对方平息怒气。然后，再向对方分析自己失误的原因，争取得到谅解。

3. 简单的一句"对不起"还不够，我们还应该多问自己几个问题："我错在了什么地方？""应该怎样改正错误？"……

4. 对待错误，要有正确的心态，不要有恐惧心理，而应该乐观对待。这样，才能认清错误的价值，从而帮助自己获得提升。

5. 当别人犯了错误，向我们真诚说"对不起"时，我们一定要谅解他，不要得理不饶人，不要把他拒之门外。

▶ 7. 做人要谦虚,不骄傲

《尚书》提到:"满招损,谦受益,时乃天道。"意思是,自满会招致损失,谦虚可以得到益处,这是自然一定的道理。任何人都不要因为取得一点成绩而趾高气扬。所以,我们一定不骄傲,要谦虚做人。

苏格拉底是古希腊著名的哲学家,拥有无数的崇拜者。

有一次,一个人问苏格拉底:"您是天底下最有学问的人,那么我想请教您一个问题:您说天与地之间的高度是多少?"

苏格拉底毫不迟疑地说:"1 米!"

那个人不以为然地说道:"我们每个人都超过 1 米高,天与地之间的高度却只有 1 米,那我们岂不是要戳破天吗?"

苏格拉底微笑着说:"所以,凡是高度超过 1 米的人,要想长立于天地之间,就要懂得低头呀!"

懂得低头,就是不论我们的资历、能力如何,在浩瀚的大千世界里,我们只是一个小分子,是十分渺小的。所以,我们没有理由骄傲,应该谦虚做人才对。

低头是一种境界

低头是一种难得的境界,也是一种能力,而不是自卑,更不是怯懦。只有敢于低头并且能够不断否定自己的人,才能不断地汲取教训,才会让自己不断成长,我们的人生之路才会走得更加精彩。

如果把人生比作爬山,有的人在山脚下刚起步,有的人正向山腰跋涉,有的人已经在顶峰信步,但这时候,不管我们处在什么位置,都要记住:要把自己放在山的最低处,即使已经登到很高处,也要会低头,因为,在漫长的人生旅程中,难免有碰头的时候。

低头就是不骄傲，就是谦虚。一个谦虚的人不但不会让别人小看，相反，一个懂得事事谦让，不居功自傲的人，必然会得到大家的尊敬。

生命有限，知识无穷，也许我们在某一方面非常优秀，但是，任何一个人都不能说自己是个全能的人。所以，无论我们已经取得了什么样的成就，都不应是我们停止不前的理由。

越有智慧的人越谦卑

古往今来，越是道德学问高的人，越是谦卑礼让；越是有智慧的人，越善于吸取别人的意见。一个谦虚的人，总能从待人处事的谦虚态度中收获智慧，从而把事情做得更好。

相传唐朝著名诗人白居易每作好一首诗，总会先把它念给牧童或老妇人听，听取了他们的意见后再反复修改，直到他们听了拍手称好，才算定稿。白居易从不因牧童和村妇的无知而轻视他们，因为，他懂得真正的文学作品，必须得到人民的承认。所以，他虚心求教于人民，这才使他的诗通俗易懂，广为传诵。

谦虚的态度使得我们把自己置于学习的地位，这样的心态不仅能清楚地看到自己的缺点，也有助于我们发现他人的优点。

任何人所拥有的一切，与广袤的大地相比，与浩瀚无际的宇宙相比，都是沧海一粟，实在微不足道。从历史的长河来看，不管拥有什么、拥有多少、拥有多久，都只不过是拥有极其渺小的瞬间，所以根本没有理由骄傲自满。为了自己的未来，一定要谦虚做人。

▶ 身体力行

1. 无论何时何地，保持一颗谦卑的心。这样，我们可以永远把自己置于学习的地位，好好地和他人相处。

2. 不说大话。说大话就是自夸，就是骄傲自大。一定不要讲大话，不要盲目吹嘘自己。

3. 多阅读一些优秀人物的故事。要知道，天外有天，人外有人。我们自己所拥有的、所懂的,都永远微不足道,所以没有一点理由骄傲。

4.正确对待自己的成绩和荣誉。成绩与荣誉的背后,有父母、老师太多的付出。所以,我们应以一颗感恩心来对待,而不应该骄傲,以取得更大的成绩。

5.虚心向别人请教。我们自己的力量是有限的,需要别人的帮助与支持。所以,千万不要不懂装懂,要虚心求助于他人。

6.不拿自己的长处与别人的短处比。要从平时的一点一滴做起,努力培养自己的谦虚品质,成为不骄傲的好孩子。

▶ 8.说到就一定要做到

儒家经典《弟子规》说:"凡出言,信为先。"也就是言必信。为人处世,做事立业,最重一个"信"字。一个人如果言而无信,那他就失去了做人的基本条件,就无法得到别人的信赖和尊重。对我们每个人来说,都应该说到做到,信守承诺。

尼泊尔是个多山的小国,紧靠喜马拉雅山南麓。因为当地经济落后,商业不发达,自然条件也不太好,所以很少有外国人到那里去。

有一次,偶然有几位日本摄影师到了那里。他们请当地一个小男孩代他们买啤酒。小男孩走了3个多小时才买到啤酒,摄影师很感动。第二天,小男孩又来了,自告奋勇要替他们买啤酒,这次,摄影师们给了他很多钱,但整整一天过去了,小男孩一直没有回来。摄影师们都说,小男孩肯定把钱骗走不回来了。

当天夜里,小男孩敲开了摄影师们的门。原来,他在山下的集市上只买到4瓶啤酒,为了兑现承诺,他又翻了一座山趟过一条河,才又买到另外6瓶啤酒。返回时,他不小心摔破了3瓶。他拿着碎玻璃片,哭着向摄影师们道歉,并把零钱交回摄影师。摄影师们被深深地感动了。

摄影师们回国后,向人们讲述了这个故事,许多媒体对此作了报道。从那以后，到尼泊尔旅游的日本游客越来越多。他们不是被摄影师拍到的自然风光所吸引，而是被男孩信守承诺的品质深深打动。

亚圣孟子说："车无辕而不行，人无信则不立。"做人一定要讲信义。一个习惯于不守信用的人无异于在拿自己的品行作典当，而这种典当无异于杀鸡取卵。

法国著名作家莫里哀曾说："一个人严守诺言，比守卫他的财产更重要。"一个人守信的品格是贴在他身上的神秘标签，它往往会在关键的时候决定一个人的命运，主导一个人在未来发展的道路上是否会一帆风顺，是否能成功到达彼岸。

千里赴约，兑现承诺

东汉时期，张劭和范式是一对好朋友，两人同在京城洛阳的太学读书。学成离别那天，张劭含泪说："今日一别，不知什么时候才能再相见？"范式安慰他说："两年后的中秋节，我会到你家见你，并拜见令尊。"

两年后的中秋节，张劭备好了饭菜，并告知了父亲。父亲有些怀疑地说："他家远在江南，有数千里的路，他真的会来吗？"张劭说："范兄是个讲信义的人，他一定会来的。"就在这时，远处尘土飞扬，范式骑着一匹快马飞奔而来。

很多年后，张劭临死时对妻子说："范兄是个可以托付的人。"后来，范式果然替他精心办理了丧事，还非常尽心地照顾他的妻儿老小。

在智者看来，信守诺言是一个人安身立命的根基所在，他们从守信着手，往往可以厚德载物。一个守信的人，自然会得道多助，能获得大家的尊重和友谊。相反，如果贪图一时安逸或小便宜，而失信于朋友，表面上是得到了"实惠"，但却为此毁掉了声誉，得不偿失，这是非常不明智的。

坚守信用，这是成功的关键

坚守信用是一个人获得成功的最大关键。只有守信的人才值得信赖，守信能够赢得尊重，更能取信于人。守信是立身之本，是一个人最宝贵的财产，它能让我们保持正直，挺直脊梁、光明磊落地做人。

实现诺言，是一种信义，而信义是做人的根本。古人有"一诺千金"的说法，这是非常正确的。我们要信守诺言,即使遇到某种困难也不要食言;自己说出来的话,要竭尽全力去完成,身体力行是最好的诺言。

作为新时代的孩子,我们应该体会到,守信对于一个人、一个民族乃至一个国家的重要。古圣先贤、当代成功者的事例都能证明,诱惑只会让自己变得堕落,面对生活中的种种诱惑,我们应该清醒地意识到,一定要做一个守信的人。

▶ **身体力行**

1.要时刻提醒和督促自己,必须说到做到。唯有如此,我们才不会出尔反尔,才不会不负责任,这才是我们茁壮成长的保证。

2.不轻易许诺。理智的孩子具有敏锐的判断力,会考虑到自己的能力,不会为了所谓的面子而答应别人去做自己做不到的事。或许这样做是处于乐于助人的好心,但是,万一自己不能办到,就会给别人带来伤害,也会减弱自己的诚信度。所以要非常谨慎小心地许诺,尽量考虑到各种可变的因素和条件。

3.不轻易许诺,一旦许诺,就要言而有信。《弟子规》说:"事非宜,勿轻诺;苟轻诺,进退错。"只有明白了这些,在对别人许诺时,才会有章可循,知道该怎样去做。

▶ 9. 让心柔软一点,学会同情

同情是人类一种美好的感情,是构成一个人完美个性、良好品德的要素之一。人不能没有同情心,同情心可以让人变得可亲可敬,变得崇高伟大。让我们的心变得柔软一些吧,人与人之间需要相互同情。

一天,俄国大作家屠格涅夫在大街上走,一个穷人上前来求他说:"我肚子饿了,请你给我一点钱,好买点东西吃。"

屠格涅夫回答说:"好!"他就伸手到衣袋里去摸,可是袋里空空的,连一条手帕也没有。于是,他对穷人说:"兄弟阿! 实在对不起! 我没有带钱出来。"

那个穷人说："谢谢你！谢谢你！"

屠格涅夫既感到惭愧又感到惊奇，就问他说："你谢我是什么意思呢？我连一分钱都没有给你啊！"

穷人说："我谢谢你救了我的命，因为40年来我因为贫穷被社会遗弃，所以想去自杀，你是第一个叫我兄弟的人，让我内心感到温暖。我决定不自杀了！"

正是屠格涅夫的同情心救了这位穷人。

同情心是指对他人的不幸遭遇而产生共鸣，能设身处地理解他人当时的思想、感情和需求，并给予及时的关心、安慰、支持和帮助。

英国著名哲学家培根曾说："同情在一切内在的道德和尊严中为最高的美德。"法国著名思想家孟德斯鸠也说："同情是善良心所启发的一种情感之反映。"所以，人不能没有同情心，同情心可以让人变得可亲可敬，变得伟大崇高。

有些孩子丢了同情心

俗话说："人非草木，孰能无情。"但现在，有的人对周围的一切渐渐变得冷漠。

据报道，在海南省青少年安全健康科普宣传教育巡回展上，工作人员对某学校的小学生随机进行心理测试。

当问到学前班、一年级的小朋友怎样对待在路上偶然遇到的小猫时，大都回答："爱护它。"还是同样的问题，几名三到五年级的小学生却带着恶作剧的笑容说："打死它。""带回家玩死它。"还有一道题目："小妹妹病了，冷得打哆嗦，你愿意把自己的衣服给她穿吗？"接受测试的一年级小学生异口同声地说："愿意。"三到五年级的小学生全都说："不愿意。"一名三年级小男孩还说出了自己的理由："我只有一件衣服，借给她穿，我穿什么？"

类似的测试在北京也做过，测试结果表明，62%的孩子缺乏同情心，这部分孩子中，有32%的孩子说要弄死小猫。

孩子缺乏同情心这一现象令人深思，如果不加强教育，将会滋生出种种心理问题。

同情心是仁爱,是人道

同情心是人的一种善良的天性,它就是仁爱,就是讲人道,就是把他人的困难遭遇当做是自己的困难那样,就是一种感情上或道义上对他人合法需要和利益的理解与支持。

同情心不只是心理上的活动,更是积极的行动;不仅仅是在物质上的帮助,更重要的是在一个人的心灵中撒下了爱的种子。

科学家牛顿花了20多年时间埋头于日光的研究,积了一大叠记录纸。一天,牛顿不在研究室,一只名叫金刚石的小狗跳到了桌上,把正在燃烧着的蜡烛弄倒了。牛顿辛苦了20多年的研究记录,一下子变成了灰烬。

牛顿回到研究室后很悲痛,可那只小狗却一副若无其事的样子。牛顿非常同情小狗的无知,仍像平常一样,很亲切地抚摸着小狗的头说:"你不会知道你所做的事吧!"

同情心是人类心灵中的一种美德,是每个人本来具有的,但有些人被物欲蒙蔽,被自私障碍,让同情心远离了自己。没有同情心会让人变得冷漠、自私,会让精神世界变成荒漠。所以,我们一定要在心灵上播下爱的种子,把同情心培植起来。

▶ 身体力行

1. 从小事做起。照顾生病的老人、帮助残疾人,甚至是通过养花种草等行为培养自己的同情心。这样做可以激发我们自身的照顾弱者的情感。

2. 设身处地了解别人的生活环境和生存状态。尝试和一些落后地区的孩子建立长期的"手拉手"活动,切实感受他们求学生活的艰苦,培养同情关爱之心。

3. 尝试随时随地做好事。一旦坚持这样做时,同情就会成为一种习惯,我们将发现自己会不满足于这些,而去做更有利于他人的事。

4. 参与社会服务。比如在社区帮忙打扫卫生、给老年人阅读书报、给生病的小孩做玩具等,参与这些社会活动一定能有效培养自己的同情心。

5. 利用优秀文学作品和影视作品加深对真、善、美的认识。在古今中外一切优秀文学作品中进行正义感、崇高品德的熏陶。在歌颂真善美、鞭挞假恶丑的文学境界中培养同情心。

▶ 10. 承担起责任，不推脱

虽然责任心没有标价，但却可以让人的灵魂高贵，也可以让人的灵魂低贱；责任心没有重量，却可以让生命意义重于泰山，也可以让生命意义轻于鸿毛。所以，我们要积极主动担负起自己应该承担的责任。

沃尔顿收到了耶鲁大学的录取通知书，但因为家里穷，他面临着失学的危机。他决定趁假期出去打工。很快，他找到了为一大栋房子刷油漆的业务。在工作中，沃尔顿一丝不苟，认真负责。

就要完工了，沃尔顿给拆下来的一扇门板刷完最后一遍漆，他想出去歇一下，却被砖头绊了个跟跎。这下麻烦了，他碰倒了支起来的门板，门板倒在刚粉刷好的墙壁上，墙上立刻出现了一道清晰的红漆印。

沃尔顿立即刮掉漆印，又调了些涂料补上。可做好这些后，他发现补上去的涂料色调和原来的很不协调。怎么办？他决定把那面墙重新再刷一遍。半天后，沃尔顿把那面墙刷完了。可第二天，他又发现新刷的那面墙和其他墙壁的色调不协调。

于是，他决定再去买些涂料，将所有的墙都重刷一遍，他知道这样要比原来多花近一倍的本钱，他就赚不了多少钱了，可他还是决定这么做。

这一切，都被房子的主人迈克尔看在了眼里。为了奖励沃尔顿工作的负责态度，迈克尔赞助他读完大学。沃尔顿大学毕业后，娶了迈克尔的女儿为妻，还进入了迈克尔的公司。10年后他成了这家公司的董事长。

后来，他又成了世界上最大的零售巨头——沃尔玛公司的董事长。

沃尔顿的命运被一面墙改变了，更确切地说，是被他对工作的负责态度改变了。有时候，我们一遇到不好的事，就千方百计找客观原因，总希望把责任推卸给别人，不愿主动承担责任。对此，我们要积极改正，否则就会阻碍人生发展。

责任心是一种道德情感

责任心是一种高尚的道德情感,是一个人对自己的言论、行为、承诺等,持认真负责、积极主动的态度而产生的情绪体验;是一个人能够自觉地做好每一件事情并负责到底的决心。一个人责任心的有无或强弱会关系到他人生的成败。

一个人来到世上,就是为了承担属于自己的那份责任:对亲人、对朋友、对工作、对家庭、对社会、对国家……这一切,都是我们每个人不可推卸的责任。

一个负责任的人,面对责任,无论大小,他都不会推卸,因为他知道负责是一种积极的人生态度。责任也是一种付出,负责任的人在付出的同时会感到快乐,这种快乐会让我们的心胸豁然开朗,会让我们冷静、成熟。

从小就做一个负责的人

我们应该从小就要对自己的行为负责,不把责任推卸给别人,否则就会淡化我们的责任心,不利于自己的成长。无论事情的结果是好是坏,只要是我们独立行为的结果,就应该勇于承担责任,为自己的行为负责。对我们来说,一定不能逃避责任,不能淡漠自己的责任心。

责任心可以帮我们远离以自我为中心的不良行为,有助于我们理解、体谅别人,也有利于培养我们自制、自理能力,有助于我们关爱社会,从而促使我们做一个对民族、社会和国家负责的人。而一个勇于承担责任的人,会因为这份承担而让生命更有分量,让人生更精彩。

▶ 身体力行

1.自己的事情自己做。我们分内的事,一定要自己做,千万不要再依赖父母和家人的帮助。

2.在家中,要协助家人做一些家务事;在学校,要协助老师同学做一些班集体的事。只有这样,我们将来才可能更好地为社会尽责。

3.学会关心他人。主动关心家里的每一个人,在家庭生活的磨练中培养责任心,进而上升为对父母对家庭,以及对社会负责。

4.有意识地帮孤寡老人、残疾人做点事,参加居民区的卫生、绿化劳动,在学校做好值日工作,等等。在这些实际锻炼中,逐渐增强自己的社会责任心。

5.对自己的行为结果负责,不找借口,不推脱。这样才能养成可贵的责任心,才能独立应付生活的考验。

▶ 11. 一定要爱惜公物

> 损坏公物的行为是可耻的,是社会所不容的,是人们所不齿的……爱惜公物是一个人高尚道德的所在,是其崇高品质的体现,是其美好心灵的写照。学会爱惜公物,我们才称得上是一个文明的孩子,对于文明今后步入社会,立业成家,立足于社会都有很大的益处。

我是一扇普普通通的门,我的家在一所小学的一间教室里。

自从我被木匠叔叔制造出来后,有很多人来看我,想买我。我非常高兴,因为我一下子从一棵默默无闻的树变成了一个"大明星"。

当我被一所小学买回去后,我非常尽职尽责:每天早上,我敞开胸膛欢迎同学们的到来;傍晚,等同学们回家后,我挺着胸膛守卫着教室,保护教室里的物品。我感到很欣慰。

可是好景不长,几天后坏事就接连不断地发生在我的身上。有一天课间时,几位男同学在教室里追逐嬉闹,一位男同学跑出去后,只听"砰"的一声,我被重重地关上了;接着,又一名男同学跑出去,我又被"砰"的一声关上……就这样,我被他们反反复复地关来关去。几天后,我实在撑不住了,把手断掉了,门闩也坏了,我非常痛苦地呻吟着。

一位叔叔把我修好后,惨剧又发生了:几个男同学比谁的劲头大,你一腿,我一脚,他们狠狠地踢我,把我的身上踢出一个大窟窿,我痛得惨叫起来……

同学们呀,我求求你们了,不要再虐待我了,我实在受不了了。我求求你们,请你们好好对待我,尊重我,爱护我,不要再损害我了,我这一辈子都会感激你们的。

作为一名学生,我们不仅要有好的成绩,还要懂得做人,懂得爱惜公物。爱惜公物,从爱护一扇门开始。

当我们看到楼道上、教室里的墙壁污迹斑斑,看到课桌椅上被划得不堪入目,还有教室里、楼道里的长明灯,窗户在风中呼呼作响……这一切就好像在控诉我们对它们犯下的"罪行"。

破坏公物是不文明的行为

破坏公物是一种不道德、不文明的行为。比如,我们有时候会在教室里乱扔粉笔头,这既破坏卫生又浪费;有时候会在课间打闹,这可能会破坏桌椅门窗,还可能会伤着我们自己……其实,这些都不是小事,都反映出了我们内心是否对物品有爱惜之心,是否对它们有感恩之心,是否有很好的修养。

可以想象一下,如果我们把教室里的灯弄坏,在桌子上乱涂乱划,门窗在风中呼呼响着,垃圾乱丢……我们会有心情在这样的环境中读书学习吗? 如果我们连这点爱惜公物的意识都没有,以后怎么可能会有大的成就?

除了学校以外,我们所在的小区也有很多公共设施,比如楼台、亭阁、健身器材、阅览室、游艺室等等,这些都给人们美的享受,都能伴随人们度过愉快的闲暇时光,它们把我们的生活装点得格外美丽。对于这些设施,我们依然应该去热爱,去爱惜。否则,就会让人们用起来不方便,还会让这些公物垂泪。

公物凝结着劳动者的汗水和智慧

公物是由劳动者的汗水和智慧凝结而成的。破坏公物,就是无视劳动者的辛勤付出,就是对物命的践踏。所以,我们要爱惜物命,它们也是有感情的,理应受到人们的爱敬,别让它们再伤心流泪,要让它们绽放出灿烂的笑容!

爱惜公物,自觉保护公物的"生命健康权",不仅会培养我们良好的素质,还会健全我们的人格,更能让文明的气息洋溢在世界的每个角落。

▶ 身体力行

1. 从小事做起,有效杜绝破坏公物的现象。比如,不在墙壁上蹬踏留痕,不让电灯开关粉身碎骨；不在墙上、桌椅上乱写乱画；挪动桌椅时要小心翼翼，开门开窗时要轻手轻脚；不乱丢垃圾，能时时捡起地上的纸屑；放学后，及时关好门窗；节约用电，随手关灯……

2. 规范自己的行为，坚决远离破坏公物的陋习；对那些故意损坏公物的行为及时劝阻，并能提醒他们，要勇于抵制不良的行为。

3. 在课间休息要文明，不在教室里追逐吵闹；不在地板上乱吐痰，不要把垃圾留在课桌里。

4. 爱护实验室器材，不无故损坏；爱护花草树木，不攀折，不踩踏，不损坏绿化设施；珍惜校园内的各种资源……

▶ 12. 积极乐观，快乐生活

两个人，同时打开窗户看夜空，一个人看到的是星光璀璨，一个人看到的是一片黑暗。持久的悲观情绪会使人生的路愈走愈窄，而乐观让人生的路愈走愈宽。所以，选择乐观的态度对待人生是一种机智。

两只水桶一起被吊在同一井口上。

一只水桶对另一只说："看起来你似乎闷闷不乐，有什么不愉快的事吗？"

"唉！"另一只回答，"我常在想，这真是徒劳呀，好没意思。常常是这样，刚刚重新装满，随即又空了下来。"

"啊，原来是这样。"第一只水桶说，"我倒不这样认为。我一直这样想：我们空空地来，装得满满地回去！"

即使是在同样条件下，同一种环境中成长的两个人，他们在夜晚同时向窗外望去，一人会看到星星，一人则会看到黑暗。这代表着两种截然不同的态度：前者是积极乐观的，而后者则是消极悲观的。

这就好像是两个不同性格的人同时遇见了玫瑰。一个人说:"这朵玫瑰真美,有这么多刺还能开得这么漂亮。"而另一个则说:"这朵花真讨厌,有这么多难看还扎人的刺。"

其实,玫瑰没有问题,而由于乐观的人和悲观的人看问题的方向不同,就导致了事情的结果不同。乐观的人总能在事物中寻找到有利于自己的一方面,从而让心情更加开心、快乐。而悲观的人,无论面对顺境还是逆境,都能从中看到失意的影子。

要选择乐观的心态

如果你选择了以悲观的态度面对生活,那么你将时时忍受抑郁、痛苦的折磨。你的生活、学习,甚至健康都要因此付出代价,因为你的心田常常是阴暗多雨的。

假如你选择了乐观,生活将会变得阳光灿烂。你不必担心变成乐观的奴隶,你可以自由地去选择是否快乐。但是,大概这个世界上没有人拒绝快乐的生活吧!

然而,在生活中,有些人却缺少乐观的态度。容易被生活中的困难吓退前进的脚步,总是被眼前的挫折蒙蔽双眼。比如,有的同学一次考试失利就变得一蹶不振,几个星期甚至整个学期也无法恢复,甚至从此走进学习的低谷,徘徊不前。

其实,一味地沉浸在不如意的忧愁中,只能让不如意变得更不如意。"去留无意,闲看庭前花开花落;宠辱不惊,漫随天际云卷云舒。"既然悲观于事无补,还会破坏我们的心情,那何不用乐观的态度来对待人生,守住乐观的心境呢?

培养积极乐观心态

行进在生命的长河中,总免不了挫折,总会伴有各式各样的矛盾。如果能抱着乐观的态度对待,就不会惧怕挫折的打击。由于矛盾引起的困惑也会减弱,等到浮云飘过的时候,外面依然是蓝蓝的天、绿绿的山。

因此,我们要注意培养自己积极的人生态度,养成遇事乐观的心态,特别是当处于逆境的时候。要知道,悲观的心理暗示总能在未来变成现实,如果是乐观的期待,这种期待也会随着自己的努力而慢慢实现。

不管生活是怎样对待我们,我们都不能忘记用微笑看待一切。换个角度,把磨难都当做对自己的历练吧！这样才能在逆境中把握方向，不屈奋斗，迎接挑战。

▶ **身体力行**

1. 学会接受既定的现实。既然现实已经不可改变，那就接受它，这是保证积极乐观的前提。这样，就能够乐观坦然面对一切，就能做一个幸福的人。

2. 试着让自己变得幽默。幽默是一种智慧，也是一种生存的技巧。多看一些幽默漫画书，让自己尽可能以幽默的态度对待生活中的不如意。

3. 不压抑自己的快乐。快乐的最重要的来源是成就或创造的成果以及完成了有意义的活动。不要让父母替我们包办做事，否则，我们就无法体验做事乐趣。

4. 丰富自己的精神生活。这样，就可以让自己把注意力转移到其他事情上来。可以广泛地阅读，在阅读中升华思想；也可以交几个真正的好朋友，在交往中培养乐观的性格。

5. 要看到事物积极面。任何事物都有消极和积极两面性，学会在消极中找到积极的因素。

6. 要意识到自己是幸福的。记住这样一句话吧："我一直为自己没有鞋而感到不幸，直到我遇到了一个没有双脚的人。"这样，我们就会感到自己很幸福了！

▶ 13. 不占小便宜，远离自私

自私自利的人，总是希望所有的幸运都降临在自己身上。他们喜欢占小便宜，常以眼前的利益判断是非，这样的人会让个人主义恶性膨胀，最终会毁掉自己。自私自利的人不会有真正的朋友。在顺境中，不能与朋友共享幸福的人；在逆境中，他也得不到朋友的帮助。

从前有一个贵妇人，她修建了一座非常漂亮的大花园。这吸引了很多孩子到那儿玩耍，有的在草坪上跳起了欢快的舞蹈，有的扎进花丛中捕捉蝴蝶，还有的在捉迷藏……

不过,贵妇人看到这群快乐得忘乎所以的孩子在她的花园里唱歌、跳舞、欢笑,她非常生气。于是,她把孩子们都赶了出去。奇怪的是,花园外面依旧是生机勃勃的春天,而花园里却突然一下子变成冬天了。贵妇人只好闷闷地回到了屋子里。

一年又一年过去了,而花园里却一直是冬天。

有一天早上,贵妇人被鸟儿的叫声吵醒了。原来因为小孩子们又偷偷地进到花园里来了,所以一切都恢复了往日的生机。

从此以后,贵妇知道花园不能没有孩子们的欢声笑语,孩子们也离不开花园的美丽景色,她开始变好了,再也不自私了。

自私的人只顾自己的利益,而不顾他人、集体、社会和国家的利益。换句话说,自私是一种损人利己的客观行为。关于自私,常有自私自利、损人利己、损公肥私等不同的说法。实际上,自私是人性的弱点。从根本上说,贪婪、嫉妒、报复、吝啬、虚荣等病态心理都是自私的表现。

克服自私这个恶习

自私虽然还算不上是邪恶,但它确实是一种坏习惯。自私只在与自己利益相关的范围内表现出来。比如,3 个人分 10 个苹果的话,自私自利的人想的是怎样才能得到 4 个。自私自利的人的目标是占小便宜,一旦得手就会窃窃自喜。

我们应该及时克服这种坏的行为习惯,否则,就会损害他人的利益。法国著名作家罗曼·罗兰曾说:"等到自私的幸福变成了人生唯一的目标之后,人生就会变得没有目标。"

远离自私必将成为我们人生永恒的一课,影响着我们今后的生活。我们只有对自己严格要求,才能够逐渐培养出好的思想品德,才能在思想上和行动上真正杜绝自私,成为一个受欢迎的人。

要懂得多为他人考虑

对我们来说,无论在什么地方,什么时间,什么事情,也不论大小轻重,都应该认真考虑各种利益问题,不能只想到自己而不想他人。我们一定要在日常生活中从点滴的小事做起,多为他人考虑。

一个人如果没有自私的心,他就会生活在天堂之中。反之,一个人如果不懂得为他人考虑,他就好像生活在地狱之中。所以,我们一定不能自私自利。

▶ **身体力行**

1. 学会为他人着想,为他人着想是天下第一等的学问。

2. 懂得与别人分享,可以分享自己的东西,比如玩具、吃的等,从中体验"给予"所带来的快乐。当然,也可以分享自己快乐的心情,这会让我们远离自私自利,也与让我们和分享的人的友谊更加牢固。

3. 经常考虑到同学的需求和集体的利益,要做到助人为乐,热爱集体。

4. 积极帮助那些需要帮助的人。如果经济条件允许,还可以参与一些力所能及的捐款活动,帮助那些生活困难的人。

▶ 14. 克制自己的欲望

被欲望操纵的人是不理智的,是贪婪的。一个贪婪的人会认为财富和地位代表一切,他在满足自身欲望的同时,也会迷失自我,因为欲望无止境,欲令智迷。所以,无论何时,我们都要理智,都要克制欲望。

方丈下山说法,在一家店铺里看到一尊铜铸佛像,形体逼真,神态安然。方丈非常喜欢,想买下来。

可是店铺老板见方丈如此喜欢,要价5000元,一分钱也不能少。

方丈回到寺里,对众僧谈起了这件事。众僧都很着急,就问方丈打算以多少钱买下。

方丈说:"500元。"

众僧唏嘘不已:"那怎么可能?"

方丈没有说话。

第二天,方丈让弟子们乔装打扮了一下。

第一个弟子下山去店铺里和老板砍价,弟子出价4000元,老板自然不卖。

第三天,第二个弟子下山去和老板砍价,出价3000元,老板也没有卖。

就这样,直到第九天,弟子出的价格已经低到了300元。

眼见那一个个买主,一个比一个给得价低,老板很着急,他深深地自责自己太贪。他想:明天若再有人来,无论给多少钱我也要立刻出手。

第十天,方丈亲自下山,说要出500元买下它,老板高兴得不得了,当即出手。高兴之余,老板另外赠送给方丈一具龛台。

方丈得到了那尊铜像,谢绝了龛台,单掌作揖笑着说:"欲望无边,凡事有度,一切适可而止啊!善哉,善哉!"

在这个世界上,真正不贪得无厌的人很少见,也就是说,人的欲求没有止境,很少有人愿意停留在已经有的生活水准上,总是想得到更多,想拥有更多,以此来满足自己不断膨胀的欲望。

贪得无厌必将付出惨痛代价

欲望诠释了"有了千田想万田,当了皇帝想成仙"、"人心不足蛇吞象"的人性弱点。要知道,贪得无厌必将付出惨痛的代价。一个人在无休止地想要满足自己贪心的欲望时,他必将受到惩罚。

从前,有个人去拜访一位部落首领,他想要一块土地。首领说:"好的,你从这儿往西走,做一个标记,只要你能在太阳落山之前走回来,从这儿到那儿之间的土地就都是你的了。"

那人道谢后,高高兴兴地出发了。可是,太阳落山了,那人也没有走回来。原来,因为他想得到更多的土地,就一直向西走,结果走得太远,累死在路上。

现实世界中,永远不可能有不劳而获的童话,当我们哄骗自己沉浸在童话中时,也就迎来了现实中意志力的消失和幸福生活的消亡。

没有耕耘,就没有收获

有的人可以通过各种坑蒙拐骗、投机取巧的办法来获得一些眼前的利益。

但从长远来看，我们却相信"大道光明"、"天道酬勤"这样不朽的真理。

没有耕耘，就没有收获。一个人获得的多少与他付出的汗水是成正比的。所以，做人首先要付出，只有这样，才会在物质和精神上有更多的收获。永远不要期待不劳而获。等待免费的午餐，只会使你变得消极、麻木，失去创造力，然后无情地被社会抛弃。

如果有人得到了本不属于自己的东西，那有一天也一定会加倍偿还、加倍失去的，这就正如儒家经典《大学》中所说的："货悖而入者，亦悖而出。"

真君子应该以不贪为宝

这个世界上有太多的诱惑，所以人也有太多的欲望，但是很多欲望又得不到满足，从而变得痛苦不堪。

其实，真君子应该以不贪为宝。"不贪为宝"是一个成语，出自《左传·襄公十五年》："我以不贪为宝，尔以玉为宝，若以与我，皆丧宝也。不若人有其宝。"意思是，我以"不贪"为宝，你以玉为宝，你把玉给我，那么我就贪了，你失去了玉，我失去了不贪的德，大家都失去了自己的宝物。

所以，每个人都要以清醒的心态和从容的步履走过人生岁月。放下贪婪，才能拥有理智的人生。

身体力行

1. 认识到欲望的害处，欲令智迷，欲是深渊，一旦陷入其中，将很难自拔。

2. 学会知足常乐，不被贪婪的欲望所牵引，不贪图享受，永远保持清醒理智的头脑，这对我们的人生有益无害。

3. 懂得对欲望说"不"，拒绝生活中的各种诱惑。否则，越陷越深，永远没有快乐可言。

4. 树立远大的理想，并不断从中获得激励自己的力量，让自己足具正念，从而让自己从欲望的邪念之中脱离出来。

5. 要用智慧让自己摆脱诱惑性极强的、动物性的欲望，对他们大声说"不"。当我们用正念对待我们的人生时，我们就会远离欲望，就会让自己理智。

▶ 15.学会换位思考

换位思考,就是更好地理解他人,为他人着想。一个善于为他人着想的人,他的身边就会聚集更多的人,人们都愿意与他交往,都希望成为他的朋友。懂得换位思考是一种智慧,更是一个人难得的心境。

早上上班高峰时间。

一个人要上已经满员的公交车,他敲着门说:"我都等了这么久了,里面的人有点人情味好不好,让我上去吧!"

结果,车门打开了,这个人终于如愿以偿地上了车。当公交车驶入下一站时,同样有人敲门,想挤上这辆车。

这时,刚才那个人说话了:"里面都这么拥挤了,外面的人有点人情味好不好,就不要上来了,等下一辆吧!"

众人愤然。

很久以前,一位智者和一位帝王在濠梁上观鱼,他们的对话成为千古美谈:"子非鱼,焉知鱼之乐?""子非我,焉知我不知鱼之乐?"

而另一则鱼和水的对话则流淌着一种温情,无比默契,让人醉心不已:"你看不见我的泪,因为我在水中。""我能感受到你的泪,因为你在我的怀中。"

这些对话蕴含着机智、理解与深情,也彰显了换位思考的机趣,令人深思!是啊,每个人在生活中都扮演着多个角色,也离不开与人的交往!无疑,换位思考会让外面的生活更加美丽,会让我们人生充满温馨。

换位思考是一种美德

有人说:"换位思考是获取理解的前提,是创造奇迹的动力,是获得尊重的途径。"这话一点都不错，换位思考是一种谅解，是一种宽容，更是一种美德。

如果自己希望怎样生活，就应该想到他人也会希望怎样生活；自己不愿意他人怎样对待自己，就不要以同样的方式对待他人；自己希望能够通达明理，就应该也帮助他人通达明理……总之，要时刻不忘记推己及人，设身处地为他人着想。

在这个世界上，我们和他人是一个整体，人和人之间唇齿相依，认为自己独自一人就能生活得很好的想法是非常荒谬的。所以，要对他人多一分理解和宽容，多一分善待和关怀，其实这就是帮助自己。

一个人如果懂得站在对方的立场上，为他人着想，温暖的阳光就会照耀在他人的身上，就会让他人多分享一些温暖；懂得站在对方的立场上，为他人着想，窗外的凉风就会徐徐地吹进来，让他人感受到清凉……

己所不欲，勿施于人

孔子创立了以"礼"、"仁"为核心的道德学说，这也是孔子思想学说最大的贡献。"仁"的核心思想是"爱人"，要求做人应该心地善良，同情别人，以友好、真诚的态度对待和帮助别人；在强调"礼"的同时，还强调做人要有善良之心，也就是要有仁德，仁德的具体表现就是"己所不欲，勿施于人"和"己欲立而立人，己欲达而达人"两方面。

"己所不欲，勿施于人"语出《论语·卫灵公》篇："子贡问曰：'有一言而可以终身行之者乎？'子曰：'其恕乎！己所不欲，勿施于人。'"意思是，子贡问孔子："有没有一句话可以终身奉行呢？"孔子回答说："大概是'恕'罢，自己所不想要的任何事物，就不要强加给别人。""己所不欲，勿施于人"，简单来说，就是从自己的内心去推及他人，理解他人，对待他人。

毋庸置疑，"己所不欲，勿施于人"是儒家思想的精华，也是中华民族的信条，既是一种智慧，也是一种文明的表现。其实，这种替他人着想的国人智慧和道德情怀并不仅仅存在于中国，在全世界也有着广泛而深远的影响。

将心比心，换位思考不仅是移除隔膜、消除误解的良方，更是一座沟通心与心之间的桥梁。为了更好地理解别人，我们一定要学会换位思考。

▶身体力行

1.遇事待人时,谨记一条原则:给他人留点余地。哪怕是一两句体谅的话,都可以保全他的面子。其实,给他人留有余地,实际上也是给自己留有余地。

2.善待他人,将心比心。这样,常常就会有一种豁然开朗的感觉。善待他人,还应尽量体会他人的难处,这样就不至于为一点小事而不能释怀了。

3.懂得站在对方的立场上考虑问题,这样于人于己都有益。从我做起,从现在做起,生活就会少一些挑剔与不快,人与人之间就会多一分和谐。

4.凡事多为别人想一想,世界将会更加和平、和谐、和美。因为,为别人着想,别人也会为你着想,真诚才能换真心。

▶ 16. 要懂得宽恕,不报复

报复会让人生变得狭隘。报复不仅会对报复的对象造成威胁,而且对自己也有害。有人说,报复会让你的报复对象占两次便宜:一次是他冒犯你时,一次是你因报复他而被惩处时。所以,学会宽恕吧!

有一天,大哲学家苏格拉底和一位老朋友在雅典城里漫步。他们一边走,一边愉快地聊天。

突然,有一个人冲了出来,莫名其妙地对苏格拉底打了一棍子就跑了。朋友立刻回头要去找那个家伙算账。

但是苏格拉底拉住了他,不让他去报复。朋友说:"难道你怕那个人吗?"

苏格拉底说:"不,我绝不是怕他。"

朋友又说:"人家打了你,你都不还手吗?"

苏格拉底笑笑说:"老朋友,难道一头驴子踢你一脚,你也要踢它一脚吗?"

朋友点点头,不再说什么了。

有人说："心底无私天地宽，有博大的胸怀，方能吞吐日月，收放自如！太计较得失、荣辱，人生之路也就越走越窄了！"是呀，每个人都应该把报复心丢掉。

报复是一把刺向自己的剑

报复心会让一个人的神经处于亢奋状态，容易误解他人，对他人总有一种戒备和防范心理。长期下去，心胸就会越来越狭窄，社交面也会缩小，很难与人相处，内心十分痛苦。实际上，当你报复别人时，正有一把剑刺向自己。

心理学中有一条规律：你对别人表现怎样的态度和行为，别人往往也会以同样的方式反应和回答。就好像你站在镜子前，你笑，镜子里的人也冲你笑；你哭，镜子里的人也冲你哭；你叫喊，镜子里的人也冲你叫喊。

每个人都有不同的生活，而不同之处，就在于他在自己的心上放了什么。是宽容，还是报复？一个人的涵养来源于他的修养，如果稍有委屈就想报复，他绝不是一个高尚的人。

在人生的土地上种植宽恕

人生就像是一块肥沃的土地，要种植宽恕，而不要种植报复。种宽恕会收获成功，而种报复则会收获失败。要知道，报复就像毒害我们血液的毒素一样，会侵蚀我们的生命。

不要因为小事轻易就燃起怒火，鼠肚鸡肠，心胸狭隘的人，不可能成就大事业。所以，莫让浮云遮望眼；而宽恕就好像冬日正午的阳光，能融化心田的冰雪，使之变成潺潺细流。唯有宽恕，才能取得事业上的成功。

我们都在这世界上共同生存，本不该相互伤害和报复，而是应该相互扶持，这样大家才能共享幸福。宽恕他人，丢弃报复吧！你会发现这个世界很美好。

让宽容心稀释报复心

古人云："冤冤相报何时了，得饶人处且饶人。"这是一种宽容博大的胸怀，一种不拘小节的潇洒，也一种伟大的仁慈，更是让报复不复存在的重要法则。

从古到今，宽容都被圣贤甚至普通的百姓尊奉为做人和育人律己的第一准则，也是中华民族传统美德的一部分。弥勒菩萨曾说："看穿破衲袄，淡饭随时饱；涕唾在脸上，不弃自干了；有人来骂我，我也只说好；有人来打我，我自先睡倒；他也省气力，我也无烦恼。"这是何等的境界！

千万不要在一念之间，让报复的邪恶占了上风，到头来不但害了别人，也害了自己，最终会后悔莫及。千万不要再想报复他人了，就让宽容稀释报复心吧！

▶ **身体力行**

1. 多考虑报复的危害。在报复行为发生前，想一下报复行为会给他人和自己带来怎样的伤害。

2. 找出产生报复的原因。如果能坦白检讨，我们会发现十次有九次，其原因在自己。所以，必须尽全力去克服。然后，可以回忆一下让自己快乐的事情。

3. 学会用动机和效果统一的观点去衡量他人的行为，这样就可以有效减少很多不满情绪的产生，就会为报复心的萌生断了后路。

4. 加强修养，开阔自己的心胸。只有学会忍耐和宽容，提高自制能力，善于以自身良好的行为来感化他人，才有助于克服报复心。

5. 学会心理换位。当我们遭受挫折或不愉快时，可以试着把自己置身于对方的境遇中，想想自己会怎么办。这样，我们就能理解对方的苦衷，就会正确看待他人给自己带来的不快，从而消除报复心。

第二章

做事的细节

　　做事是我们应对当前生活和未来事业的重要能力，也是成就我们自身的关键所在。我们学会做事，就等于培养了自己适应日益变化的社会的综合能力，这种综合能力包括社会行为技能和个人素质。只有现在学会做好小事，我们以后才能够做好大事。

▶ 17. 控制情绪,不乱发脾气

情绪既可以为我们所用,也可以成为伤害我们的利器。生活中,经常会遇到这样那样的不快,如果不能掌握情绪,我们就会沦为情绪的奴隶,时时受到它的摆布。只有掌控情绪,才能掌握未来。

有一个小男孩十分任性,脾气很坏,经常无理取闹,家里人对他的坏脾气感到无可奈何。有一天,爸爸想到一个办法,他递给小男孩一袋钉子,并跟他说:"孩子,当你想发脾气的时候,就钉一根钉子在后院的篱笆上。"

小男孩感到很有趣,每次他发完脾气,就跑到后院在篱笆上钉一颗钉子。在钉钉子的过程中,他慢慢地了解了爸爸的心思,他渐渐学会了控制自己的脾气,每天钉下钉子的数量逐渐减少了。终于有一天,他一根钉子都没有钉,他高兴地把这件事告诉了爸爸。

爸爸说:"从今以后,如果你一天都没发脾气,就可以在这天拔掉一根钉子。"小男孩记住了爸爸的话,时间慢慢地过去了,他终于把所有的钉子都拔出来了。他高兴地拉着爸爸的手走到后院的篱笆旁,指着篱笆对爸爸说:"爸爸您看! 一颗钉子都没有了,我已经学会不发脾气了!"

爸爸微笑地看着小男孩,并对他说:"孩子,你做得很好。但是,你有没有发现这些篱笆上的洞? 这些围栏永远也不能恢复成从前的样子了。这就像是你拿刀子捅别人一刀,不管你说了多少次对不起,那个伤口将永远存在。你生气的时候说的话带给人们的伤害,就像篱笆被钉子钉过之后留下疤痕。要知道,心灵上的伤口比身体上的伤口还难以恢复。"

小男孩惊讶地望着爸爸,他终于明白了爸爸这样做的含义。从此,小男孩终于懂得管理情绪的重要性了,他战胜了自己,再也没有发过脾气。

面对坏情绪,如果一味地让它发展,那么,我们的人生将不可收拾,最后将陷于极大的危机之中。是让情绪牵着你走,还是主动掌控情绪?

控制好情绪这匹马

有人说,情绪就像一匹马,如果你能控制它,它会让你体验风驰电掣的感觉,它会成为你的好朋友;如果你不能控制它,它则有可能将你摔下。张耳和陈馀,一个善于控制情绪,遇事冷静能忍耐,最终成就了一番事业;而陈馀遇事冲动易怒,最终的下场也十分凄惨。

生活给予我们每个人都是同等的生活环境和机遇,可是,懂得控制情绪的人会走得更远,而不懂得控制情绪的人则会被情绪牵着鼻子走,最终败下阵来。

现在,我们看到很多年轻人脾气很大,遇事一点都不冷静,动不动就喜欢发脾气。而且脾气一上来,既不分场合,也不分对象,只管将自己的情绪发泄出来,毫不考虑后果。最让人头疼的是,很多人还将这种没有涵养的做法解释成"有性格"、"酷"。反之,那种遇事忍耐谦让的人,反而被说成是"窝囊"。

做个能掌控情绪的勇者

控制情绪并不难,只是我们不想去做。一切的情绪都来自于我们自身,我们自己才是情绪的制造者,自然应该懂得控制情绪。我们要学会合理地运用情绪,既不要让坏情绪伤害自己,也不要让坏情绪伤害别人。

一个懂得控制情绪的人,未来的人生之路就会非常顺畅,这是因为,一个懂得控制情绪的人永远生活在理智中,不会因为情绪的激动而做错事;反之,一个被情绪牵着鼻子走的人,一遇到事情就会丧失理智,成长路上必然会遇到很多不如意。所以,我们要做个能掌控情绪的勇者。

▶ 身体力行

1. 明白发怒的害处。科学研究发现,喜欢发怒的人,机体长期处于这些不良的情绪影响下,往往会引起多种疾病的发生,如高血压、胃溃疡及心理障碍等。而遇事豁达的人,身体则相对健康。不仅如此,一个人如果情绪容易激动,他的人际关系也会受到不良的影响,因为人人都不喜欢脾气暴躁的人。

2. 多与大自然亲近。与大自然亲近有助于保持心情愉快,在广阔的天地中,人的心胸也会变得开阔。如果没有条件经常去远足,那么,至少要每天保持十几分钟的散步时间,户外的青草绿树会对心情有裨益。

3. 适当地将情绪宣泄出来。每个人都有自己的烦恼与不快,当感到无法承受的时候,不妨主动给心灵来一次"大扫除"。比如,痛痛快快地哭一场,让所有的压抑都随泪水流去。研究表明,痛哭一场能排除体内毒素,有利于调整机体平衡。当然,你也可以选择你喜欢的方式来宣泄:例如找个亲近的人倾诉等。

4. 给自己时间静一静。不管多忙,每天抽出点时间来给自己,让自己静下来,好好地回顾一下一天的作为。这样做不仅可以让心灵得到放松,还能有自我反省的功效。当一个人将注意力放在自己的过失上时,自然不会太苛求别人,也就不会有太多的负面情绪。

▶ 18. 想好就去做,别拖延

> 该今天做的事一定不要拖到明天,因为明天还有明天的事。所以,当我们早晨醒来面对初升的太阳时,就应该果断地背起行囊迎着第一缕晨光前行,而不要躺在床上幻想一天的行程。

从前有个人读了很多书,人们都觉得他很有学问,他自己也这么觉得。可是,他有个坏毛病,就是不管什么事让他遇到,不论轻重缓急,他都要先研究个没完没了,方才肯动手做事。

有一天,他跟着猎人们去围猎,在围猎的过程中,不小心身上中了一箭。不幸的是,这是一支毒箭,而且毒性很厉害,疼得他差点昏过去。人们七手八脚地把他抬回家,急急忙忙要去请医生,可是,没想到这个人死活不干。

他忍着疼痛对众人说:"大家别忙!这个问题我要先研究一下,我得弄清楚,到底是谁这么马虎向我射毒箭呢?这些我现在一点不知道。再说,那人到底是用什么弓射的箭呢？这把弓是大是小？是木质的还是竹质的？弓弦又是用什么料子做成的？是藤还是筋？箭是用什么材料做的？是芦苇，还是竹片呢？你们等着，等我把这些都搞得水落石出了，再去请医生来把箭拔掉。"

众人听了他的话啼笑皆非。最后，由于错过了治疗的最佳时机，他那条受伤的腿被截掉了。要不是他做事不分轻重缓急，这样拖延误事，原本是有希望痊愈的。

很多成功人士在总结自己奋斗的经验时，总会语重心长地说："人一定要学会克服拖延的坏习惯，事情只要想好就马上去做，这样才有成功的希望。"

机会会在拖延中丧失

在生活中，我们常常可以看到一些人，想好的事情总不能马上动手去做，总是觉得自己准备得不够充分，遇到棘手或者不愿意做的事情更是如此。事情就这样一拖再拖，到最后连做事的机会也错过了，再想去做已经来不及了。

其实，这是大多数人的通病，人们总是热衷于订立目标，可是，"雄心壮志"往往只能持续很短的时间，等到真要行动时，却迟迟不肯向前迈一步。我们总是习惯于宽慰自己说："再等等吧，我还需要再准备一下，也许明天就可以开始了。"我们把希望都寄予"明天"的努力，最后往往会一无所得。

下决心跟拖延说再见

环顾周围，很多人都是拖延习惯的受害者。当大家沉迷于网上游戏的时候，其实，心里比任何人都清楚，自己该用这段时间去学习、去做作业。因此，这段看似快乐的游戏时间，往往充斥着负罪感和焦虑感。与其这样下去，何不痛下决心和拖延的坏毛病说再见呢？

今日事，今日毕

明末清初钱鹤滩先生的一首《明日歌》流传甚广，诗歌这样写道："明日复明日，明日何其多。我生待明日，万事成蹉跎。世人苦被明日累，春去秋来老将至。朝看水东流，暮看日西坠。百年明日能几何？请君且听明日歌！"

人人都知道"待明日"的害处，可很多人却总是在"待明日"中蹉跎岁月。最终虚度一生,一事无成。很多年轻人都有一种错觉,那就是——自己还很年轻,有大把的时间来等待和挥霍。关于这个问题,有位哲人这样说道:"时间就像一把没有声音的锉刀。"如果不能好好利用时间,振奋精神将时间用在做正确的事上,我们就会遗憾终身。因为,这把时间的锉刀会锉掉我们的志气,锉掉我们的青春岁月,最终会锉掉我们宝贵的生命。

昨天已经过去,明天还没有来到,唯有当下才是你现在能把握的,才是最珍贵的时光。把握住今天,胜似无数个明天……

▶ 身体力行

1.振奋精神,相信自己。没有人天生就喜欢拖延,一定要对自己树立信心,相信拖延的坏习惯一定可以改掉。下一次再遇到同样的情况,要学着鼓励自己,把握住机会改掉拖延的坏习惯。

2.设定具体的目标。当我们设立目标时,应该有大目标,也要有清晰的小目标。比如,你的目标是考上某个大学,那么,你的小目标就要设定在这个月甚至一周的学习计划上。如果只有大目标而没有小目标,事情就变得遥远而空洞,变得不容易着手。所以,不妨把任务划分成一个个可以控制的小目标。

3.从小事着手。"千里之行,始于足下。"不要轻视小事的力量,生活中点滴的小事,都是历练我们的机会。要学会在生活细节中修正自己错误的行为和观念,时间一长积少成多,好的习惯自然会养成。

▶ 19. 不乱动他人的东西

不乱动别人的东西,就是对人起码的尊重,也是体现了一个人的道德修养。《弟子规》里写道:"用人物,须明求;倘不问,即为偷。"意思是,借用别人的物品,一定要事先讲明,请求允许。

有一家待遇优厚的外资企业招聘，有很多人赶去应聘，最后只有7个条件最好的年轻人过五关斩六将，冲到了最后一关，他们将要接受总经理的面试。

面试被安排在总经理的办公室，大家落座后，总经理接了个电话后对大家说："真是抱歉，我有点急事，要出去10分钟，你们能不能等我一会儿?"这几个人纷纷回答："没关系，您去忙，我们等您。"

总经理离开了房间，几个年轻人觉得无聊，纷纷站起身走动起来。他们有的走到总经理的办公桌前，翻看起桌上的文件来，有的走到了书架旁，随意地翻动书籍。只有一个年轻人，始终坐在椅子上，安静地等待总经理的到来。

10分钟后，总经理回来了，他进门后看了看大家，然后指着一直坐在椅子上的年轻人说："面试结束了，您被录取了，其余的人可以回去了。"

应聘的年轻人面面相觑。总经理解释道："我不在的这一段时间，你们的表现就是面试结果。乱翻别人东西、不拘小节，这反映了一个人基本的职业素养。虽然你们的专业都很优秀，但是本公司不希望招收仅仅是专业很优秀的职员。"

我们总听父母说，他们很小的时候，要讲究很多规矩，比如到别人家里去做客，绝对不许乱翻别人的东西;如果想玩某一样东西，一定要经过主人的同意才行。其实，这种规矩就是做人的规矩，是长久以来留下来的一种替人着想、时时处处站在对方角度考虑的好品行。

再好的朋友也要"用物明求"

磊磊和新新是同桌，新新的爸爸从外地给他带回一个多功能文具盒，磊磊也很喜欢那个文具盒，想到爸爸最近要出差，就想把新新的文具盒带回家，让爸爸看着也给他买一个。放学的时候，新新有事去了老师办公室，磊磊没来得及跟新新商量，就直接拿着文具盒回家了。

新新回到教室，发现心爱的文具盒不见了。他急坏了，并把这件事情告诉了老师。第二天上课的时候，老师委婉地向同学们说了这件事，只说也许是哪一位同学太喜欢新新的文具盒，没经过允许拿去玩了，忘记还给新新了，请这位同学下课的时候还给他。

磊磊想举手解释一下，可是，早上上学走得太匆忙，他忘记把文具盒带回来了。他觉得自己有点解释不清楚。虽然后来他私下把文具盒还给了新新,新新也没有责怪他,可是磊磊还是觉得很过意不去。

虽然从小爸爸妈妈都教育我们,不要乱动人家的东西。可是,等我们长大进入学校后,总认为和好朋友之间是没必要分那么清楚的。其实,这样想就错了,再好的朋友也要学会彼此尊重,否则,就容易引起误会。

不乱动他人东西并非小事

人们判断一个人是否正直、可信,就要从他的一言一行中判断。如果一个人小的时候不能养成尊重别人,不乱动别人东西的习惯,那么,他长大后一定也会因此而丧失别人对他的信任。

不乱动别人的东西,看起来是一件小事,却和一个人的道德品质有密切关系。当我们还是孩子的时候,也许乱翻乱动会被别人看做是活泼好动。但其实,这是一种极其不好的行为习惯,如果不能及时改正,会对未来的生活造成困扰。

▶ 身体力行

1. 不乱拿别人的东西,对任何人都要如此。人们往往在自己不熟悉的人面前容易遵守规则,可是,在熟人面前就会比较"放肆"。其实,和熟人相处的态度,更能反映一个人的素质。所以,无论何时何地,都不乱动他人的物品。

2. 进门要先敲门。这是个好习惯。也许别人正在思考,或者正在忙什么事情,不方便被人打搅。如果我们大大咧咧不经别人允许就闯到别人屋子里,是一种不懂得尊重别人的行为,会引起别人的反感,甚至造成矛盾。

3. 不小心打扰了别人要道歉。如果我们不小心打扰了别人,一定要向对方道歉。真诚的道歉可以使对方的怒气和不快消融。

4. 不小心知道了别人的隐私要保密。如果我们不小心知道了别人的隐私,就要替人保密。当然,对方做了什么违法乱纪的坏事,这就另当别论了。

20. 不怕挫折，勇敢尝试

> 每个人都有梦想，都心怀希望。但世界上没有一帆风顺的事，在前进的路上可能会有很多障碍和挫折。所以，当你怀着梦想追求成功时，希望你能够更勇敢地面对挑战。

一位伟大的火箭专家在很小的时候就喜欢火箭，他经常动手制作各种各样的火箭，但从来没有成功过。他最"成功"的一次试验，却让他进了警察局。

那是他13岁那年，他在地下室的角落里，将一辆四个轮子木头车和几个大爆竹焰火筒捆在一起，做成了一辆"火箭车"。他把焰火筒塞在车子后面，这就是火箭车的动力源。

在一个阳光明媚的下午，他把做好的火箭车推到了马路上。当时马路上有很多人，在人们都没有准备的情况下，火箭车突然发动了，焰火筒燃烧了起来，推动车子飞快地向前冲去。车子的速度越来越快，这和他当初预想的完全一样，他欣喜若狂地跳起来。但是好景不长，火箭突然改变了行驶方向，向人群冲了过去。幸运的是，此时焰火筒已经燃尽了，车子减速停在了惊恐的人群中。

行人气急败坏地把他抓住并送到了警察局，幸亏没有人受伤，所以很快就被放出来了，这是他人生中唯一的一次污点。但是，他对于火箭的热情并没有受到打击，反而更加热爱了。他努力地学习文化知识，空闲的时间就忙于做火箭的实验，经过了不懈的努力，多年以后他终于成为了伟大的火箭专家。

当他和别人提起小时候那次尝试时深有感触地说："如果没有那次的勇敢尝试，或许我就永远不会再去研究火箭了，当然也就不可能有今天的成就。正是因为那次小小的成功，才让我更加坚定地走上了研究火箭的道路。真要感谢那次实验！"

俗话说："人生不如意事常八九。"这句话揭示了一个真理：在一个人成长的道路上，并非只有成功的喜悦，还有无数的困难和挑战。我们要有坚定战胜困难的信念,要敢于尝试,才能不断战胜一个个困难,走向成功。

懂得随时调整"航向"

1 有人把生活历程比喻为飞机在空中飞行,每个人都坚信自己可以乘坐飞机到达目的地。但其实,飞机在飞行过程中,起码有95%的飞行时间是偏离航道的。飞行员内心清楚地知道飞机会被气流吹得偏离航道,但是他时刻监控着飞机的飞行方向,并不时地进行调整,最终到达目的地。

这样想来,我们的生活旅程和在大洋上空飞行的飞机又有什么两样呢?我们经常被各种各样的事情干扰,使我们偏离了预定的方向。要知道,世上的事情永远不会百分之百地像我们预计的那样,在这个过程中,我们是在沮丧和不安中沉沦,还是振作起来调整我们的方向,这关系到我们究竟能不能到达目的地。其实,只要我们目标正确,并懂得随时调整"航向",我们终究会安全地到达目的地。

勇敢迈出前进的脚步

一次,到了播种的季节,邻居问农夫是不是已经播种了麦子。农夫说:"哦,还没有呢!我担心天不下雨。"邻人又问道:"那一定种了蔬菜了。"农夫说:"唉,还没有呢!我担心虫子会把菜吃掉啊!"

邻人感到很疑惑,他问道:"那你种了什么?"农夫自豪地说:"就因为这个,所以我什么也没种,这样才能确保安全啊!"邻人不解地看着农夫,摇摇头离开了。

读完这个故事,一定会有人笑话农夫的愚蠢。可是,这个错误并不只有这位农夫在犯,我们在生活中也经常犯类似的错误而不自知。当我们害怕做一件事会失败时,经常安慰自己说,还是等我有能力了再去做吧!任何事情都要有人去做,既然我们已经知道任何事都不可能一帆风顺,何不勇敢地迈开脚步呢?

放下"包袱",勇于尝试

不去尝试就永远不会有结果,只有勇敢面对才能收获丰硕的果实。

在我们刚学走路的时候,总会紧紧抓住妈妈的手不敢松手。此时,妈妈总会对我们再三鼓励,我们才慢慢地松开妈妈的手,尝试着迈出第一步。虽然我们在学步的过程中不止一次地摔倒,但最终还会爬起来,勇敢地去尝试。

当我们渐渐长大的时候，这种勇敢的尝试是越来越多，还是越来越少了呢？其实，尝试并没有那么可怕，失败也没有那么丢人。如果我们能放下心中的压力和包袱，就会变得像小时候一样的单纯勇敢。未来的路很长，任何人都不能长久地陪伴在我们的身边，我们要学会尝试，我们要学着大胆地走出去，才能闯出属于自己的那片天。

▶ 身体力行

1. 不要给自己预设太多的困难。孩童时学过的"小马过河"的故事还记忆犹新，可是，当我们慢慢长大的时候，却总是在重蹈"小马"的覆辙。事实证明，困难大多是"想"出来的，只有放下思想包袱，才能走得更加顺畅。

2. 奋斗目标要合情合理。每个人都有梦想，生活有梦想而变得更加美丽。但是，梦想必须切合实际，如果梦想不是建立在与客观条件和自己潜力相适宜的基础上，就会变成幻想和空想，到头来可能会白忙一场。所以，在制订目标前，一定要对自己有充分的了解才行。

3. 做个勇敢顽强的人。在生活中谁都会遇到困难，我们不能做没有志气的人，遇到一点小困难就请求他人帮助，这对自己的成长是不利的。我们应该告诉自己："我能行！"并积极地分析困难，想办法解决问题。

4. 勇敢地走出"第一步"。常言道，"万事开头难"。第一步总是最艰难而且也最珍贵，因此，我们要认真地去实现人生中每一个"第一次"，要勇于尝试，即使失败了也不怕，因为没有人生来就会成功，失败正是成功的基石。

▶ 21. 不急躁，要心平气和

人生路上风雨变化，其跌宕起伏往往是我们不能预料和把握的。在人生旅途中，没有绝对的顺心，只有无穷的机会。所以，无论是处于顺境还是逆境，我们都不要急躁，要心平气和，宠辱不惊，活出人生的精彩。

艾森豪威尔经常陪母亲打牌。有一次玩牌时，艾森豪威尔一直手气不顺，连抓了几把臭牌。连输了好几局之后，他开始抱怨起来，最后还发起了少爷脾气。母亲在一旁静静地看着他，然后说："既然要打牌，必须输得起，你不可能一直碰到好运气，也不可能一直碰到坏运气。"

艾森豪威尔沉浸在情绪中，没把母亲的话放在心上，他还在抱怨自己手气不好。母亲接着说："孩子，不要小看你手中的牌。人生就像打牌一样，你不能左右你手中的牌是好是坏。只要是你的牌，你就必须拿着，也必须要面对。你能做的，就是让浮躁的心平静下来，然后认真地把自己的牌打好，力争达到最好的效果。并学会用这种态度来对待人生，这样才有意义！"

母亲一番话深深触动了艾森豪威尔，于是，他不再抱怨，开始调整自己的心态，认真地打了下去。1952年艾森豪威尔参加总统竞选，一开始便处于劣势，得票率与对手越拉越大，几乎所有人都觉得他没戏了。

此时，艾森豪威尔不慌不忙，及时调整策略，终于引来了转机，当选为美国第34任总统。他从中校、盟军统帅，最后登上美国总统之位，能取得这样的成就，和当年母亲对他的教诲不无关系。

急躁指一个人什么事情都想做，而且都想在短时间内做好，得到圆满结果的一种表现，这也是缺乏耐心、急功近利的一种体现。所谓"急得像热锅中的蚂蚁"就是对急躁的人的一种生动有趣的形容。用这样的心态做事的人，往往没有持之以恒的恒心，结果通常会因为能力有限，不得不半途而废，不了了之。

努力让心平静下来

急躁是做事的大敌，但这也是人们爱犯的毛病之一。艾森豪威尔的母亲很有智慧，她教育儿子无论遇到什么样的环境，都要把心定下来。遇到好牌不过度喜悦，遇到坏牌也不要满腹牢骚，无论手中的牌怎样，都要用平和的心对待，这样一来，无论是怎样的际遇，都变成了最精彩的过程。

心平气和很重要

每个人都会有不顺利的时候，我们的付出并不一定会得到相应的回报，此时,我们还会不会继续付出呢？当面对同一件事情,有的人会选择随遇而安,而有的人则会选择心平气和地做自己认为对的事情。其实,后者才是真正的勇敢者,他能够把握住心的动向,并时时刻刻让它往对的方向前进。

这就是心平气和的重要性,如果没有这个本领,即使是一副再好的牌,可能会被人打得七零八落。一颗急躁的心,可能会把本来很好的牌局搅乱,这就是所谓的输得干干净净。

心静才能生出智慧

要知道,只有心静才能生出智慧,当一副好牌在手时,心平气和的人会使它锦上添花,反之,当牌面不好时,宁静的心灵会生出更多的智慧来解决这个问题,结果也不至于太差。所以,我们都要学着去做一个心气平和的人,这样才能使生活向着美好的方向前进。

▶ 身体力行

1. 有些事着急也没用。在生活中,当我们越是着急完成一件事的时候,反而越忙越乱。而静下心来慢慢地做,反而容易获得成功。

2. 三思而后行。无论是说话还是做事,都要经过一番思考,不要着急下结论,应该认真考虑清楚。有些事如果没有考虑清楚就急着去做,最后可能后悔莫及。

3. 做事要一步一个脚印地坚持下去。急躁的人往往不能坚持,总是急于求成。其实,事情的成功都是要付出艰辛努力的,只有脚踏实地才能取得最后的成功。

4. 列个详尽的计划,并坚持下去。一个符合实际情况的计划是做事的得力助手。在学习中,如果能有一个合理的学习计划,并坚持实施下去,一定能提高学习成绩。按部就班地遵照学习计划学习,也是克服急躁的好方法。

▶ 22.遇事应再坚持一下

面对人生的考验,有些人产生了畏惧,没有坚持下去,当然会失败;而有的人面对压力咬紧了牙关,坚持到了最后的胜利。所以,当我们遇到困难时,再多坚持一点,也许整个局面就会发生改变。

1996 年,亚特兰大奥运会的举重赛场上高手云集。中国选手唐灵生和夺冠呼声极高的希腊选手萨巴尼斯、韩国名将全炳宽对金牌展开了激烈的争夺。

举重比赛成绩由抓举和挺举两部分组成。在抓举比赛中,唐灵生和萨巴尼斯都举起 137.5 千克,但唐灵生的体重比对手重,只好屈居第二。

接下来的挺举比赛竞争异常激烈,唐灵生只有举起比萨巴尼斯重的杠铃才有希望夺冠。面对强大的对手,最后一搏冲金的唐灵生将杠铃加到了自己从没有举起过的 170 千克! 所有的人都为他捏了一把汗。

只见他生龙活虎地步入举重台,活动活动双肩,下蹲,提位,翻腕,上挺,所有动作一气呵成,一双铁臂将杠铃稳稳地举起。动作太完美了,裁判惊呆了,杠铃高举了 10 多秒钟,场上响起了热烈而持久的掌声。裁判激动地竟然忘记了按信号灯,而唐灵生硬是将杠铃举着,直到裁判齐刷刷地亮起了灯。他的对手萨巴尼斯也试图举起 170 千克,然而在杠铃刚举过头顶之后,再也控制不住,重重地落了下来。

赛后,萨巴尼斯表达了他对唐灵生的钦佩,唐灵生则谦虚地说:"其实我只是多坚持了十几秒钟。"

命运全在搏击,奋斗就有希望,失败只有一种,那就是放弃努力。没有毅力的人,如果做自己不喜欢的事,或是遇到一点点困难,就会很轻易地选择放弃。

做事情坚持到底,是所有事情成功的基本条件,也是成功者的重要品质和基本态度。正是由于有坚持,我们才会有所收获。

坚持就是胜利

我们常常羡慕成功者的成就，但是，当我们向他们请教成功的秘诀时，他们总会说这样一句话："坚持就是胜利。"仔细思维之后就会发现，成功者的忠告看似简单，却蕴含着丰富的意味。就像唐灵生夺冠的故事一样，很多时候成功者比失败者只是多坚持了一点点。但恰恰就是这一点点坚持，见证了神奇的诞生，造就了辉煌的巅峰。由此可见坚持的重要。

反思自己的表现

现在，我们回过头来反思我们在生活中的表现：做事是不是缺少坚持的精神呢？当我们面对一道难题时，没有经过苦思冥想，就轻易选择了放弃，之后，还安慰自己说："这道题这么难，我就算想也是白想。"

当我们列了一个完美的学习计划，终于下定决心将英语学好时，拿起书本时却又在想："学习这么难，还是多睡一会儿比较舒服。"此时，懒惰和懈怠代替了坚持和恒心，这样下去，计划最终也只会被自己束之高阁，沦为一种摆设。

可见，坚持真的是一个人做事必须要有的品质。有恒心者往往是笑在最后、笑得最好的胜利者。回想一下过来人的忠告，回想一下师长和父母的期盼，我们有什么理由选择退缩和懈怠呢？鼓起勇气，从此做个持之以恒的人。

▶ 身体力行

1.不要忽略小事。从一点一滴做起，有助于我们养成坚持的好习惯。凡是脚踏实地的人，必定不会轻视小事。好高骛远的人往往不能坚持到最后。

2.不要急于求成。急于求成是很多人都有的毛病，就如同传说中的酿酒者一样，在酒即将酿成时，按捺不住急切的心情打开了罐子，结果使得一坛琼浆玉液变成了酸水。所以，坚持不只是耐得住苦难的折磨，还要耐得住对成功的期待。

3.学会鼓励自己。好的习惯不是一天养成的。在新的习惯养成之前，我们需要自己的鼓励，因为自我鼓励能产生自信和力量。要相信自己，会一直坚持到坏习惯土崩瓦解，好习惯根深蒂固的时候为止。

4.做有智慧的坚持。坚持也要有智慧，不能盲目坚持。当面对一个毫无前景的目标，不切实际的盲目坚持，是一种偏执，最后身心俱疲也不会成功。

23. 不要逞一时之能

如果能力不够,就走一条属于自己的路,生活就是因为真实而更加精彩。逞能是一种笨拙的行为,这只能说明我们不仅能力不足,还非常虚荣。既然有不足的地方,就抓紧时间提高自己,别做逞能的"英雄"。

一个炎热的夏天,王明和四个朋友去游泳馆游泳。王明刚刚学会游泳,而那4个伙伴的游泳技术非常好。那几位朋友嫌游来游去没意思,他们提议在水里做一种游戏:每个人都被其他4个人抓住手脚,并在深水区内往水里扔,然后看谁在水里憋气时间最长,谁就赢了。

王明刚学会游泳,显然不适合玩这个游戏。可是,他不好意思和朋友们说明,觉得这样会很没面子。而那四位朋友显然也不知道王明是游泳新手,他们拉着王明一起往深水区走去。

看到水那么深,王明情不自禁地说:"会不会太危险了?"一个朋友问:"王明,你说什么?是不是不敢玩这个游戏啊?"王明辩解道:"啊?哦!没有啊!我怎么会不敢玩呢!我可是游泳高手,这种游戏我经常玩!"朋友们开心地说:"好!那我们就开始喽!"

游戏开始!其中的一个朋友自告奋勇,首先被大家扔下去,当他落入水中以后,水花儿溅起一两米高。看到这儿,王明紧张了起来,他故意推迟自己下水的时间。每一次扔别人的时候,他都会心跳加速,到最后的时候连腿都软了。

此时,王明真想向朋友们坦白,他的游泳技术并不怎么样,但他开不了口!谁叫自己一开始就逞能说自己是游泳高手呢!最后,他无奈地被伙伴们抓住了手脚,边喊着口号边用力地摇晃着扔了下去。就这一扔,他的屁股一下子就磕到了池壁,疼痛让他忘记了自己还在水里,他刚要大叫,水就进了嘴里和鼻孔里。他一下子慌了神,只好乱扑腾。

朋友们看到这儿,纷纷跳下水来把他拖上了岸。到了岸上,王明瘫在地上好一会儿才清醒过来。朋友们纷纷说道："唉！你要早说自己游泳技术不好，我们就不会让你玩这种游戏了！"王明后悔地说："是呀！早知道这样，我就不逞能了！看来逞能真是危害大呀！"

逞能就是指显示自己能力强过别人，它有自我表现的意思。说到底，一个人逞能就是想以此来获得他人对自己的肯定、敬佩或赏识。有句话说得好："不是金刚钻，不揽瓷器活。"一个人要想显示自己的能力，就必须有真本领。

逞能是一种愚蠢的行为

人们在年少时总喜欢表现自己，而且，最害怕别人说自己不行。可是，如果我们在某一方面真的跟别人有差距，就应该虚心地接受并且试图改过。逞能是一种愚蠢的行为，不管是出于何种目的，喜欢逞能的人最终会使自己陷入进退两难的境地。这种鲁莽的行为不仅仅使自己颜面扫地，还存在着很大的危险性。一个成熟的人，是不会选择以这种方式表现自己的。

任何时候都不要逞能

《格言联璧》中说道："步步占先者，必有人挤之；事事争胜者，必有人挫之。"事实也是如此，没有人喜欢事事占先，逞强好胜的人。这样的人在生活中也会遇到比别人更多的挫折和障碍。这是因为，逞能一定会超出自己的能力范围，就像是一日只能跑百里的马硬要跑千里一样，肯定会伤害自己；从人的心理来看，在他人面前炫耀自己的才能，往往会引起人们的反感，甚至会招来灾祸。

人的能力是有限的，如果置自己的能力于不顾而一味强行去做超出自身能力的事情，很难会有好的结果。所以，任何时候都不能逞能，以免在逞能思想控制自己的前提下，失去理智，变得狂妄，从而做出让自己遗憾和后悔的事情。

▶ 身体力行

1. 对任何事情都保持一种冷静态度。凡事要三思而后行，不要冲动，为情绪所左右。只有保持了冷静的态度，才不至于头脑发热去做事。

2. 做个谦虚的人。"满招损，谦受益。"做人一定要谦虚，不能傲视一切，目中无人,只有做个谦虚的人,才会彻底打消想要逞能的念头。

3.做好事不要张扬。不要做了一点好事就觉得了不起,从而四处张扬,唯恐他人不知道,这也是逞能的表现。另外,不要只做"有利可图"的事情,为了某种目的而做的好事不是真正的好事。

▶ 24.做事一定要脚踏实地

脚踏实地是成功的根基。如果一个人不能安下心来好好做事,就是再怎样拼搏,也不能取得好成绩。当我们心不在焉、朝三暮四时,就已经不能脚踏实地地努力了。这股浮躁之气使我们自寻烦恼,喜怒无常,最终将会一事无成,也会一生无成。

很久以前有个叫慕哈松的人,一心想成为大富翁。他不想踏踏实实地干活,想走一条捷径,所以去学炼金术。他把全部的时间、金钱和精力,都用在炼金术的实验中了。几年后,他花光了家中的全部积蓄,家中变得一贫如洗。

慕哈松的妻子对她的丈夫束手无策,她跑到父母那里诉苦。她父亲决定帮女婿改掉恶习,一天,他把慕哈松叫到跟前,对他说:"你是不是想要学习炼金术?我们已经掌握了炼金术,只是现在还缺少一样最重要的原料……"

"父亲,您快告诉我,还缺少什么?"慕哈松急切问道。

岳父说:"我们可以让你知道这个秘密。我需要6千克香蕉叶上的白色绒毛,而且,这些绒毛必须是你自己种的香蕉树上的。等到收齐绒毛后,我们便告诉你炼金的方法。请你记住,这些绒毛必须是非常纯净的。"

得知了炼金术的慕哈松欣喜若狂,回家后立刻将已荒废多年的田地种上了香蕉。为了尽快地凑齐6千克绒毛,除了自己的田地以外,他还开垦了大量的荒地。当香蕉长熟后,他便从每张香蕉叶上小心翼翼地刮下白绒毛,放到袋子里收集起来。而他的妻子和儿女则抬着一串串香蕉到市场上去卖。

就这样，10年过去了，慕哈松终于收集够了6千克纯净洁白的香蕉绒毛。那一天，他兴奋地拿着一大袋绒毛来到岳父母的家里，向岳父讨要炼金之术。

岳父带着他来到院中的一间房子，说："你去把门打开看看。"慕哈松打开那扇门，立即看到满屋金光，里面竟然都是黄金！他目瞪口呆地看着这一切，岳父向他解释道："这些金子都是你10年里所种的香蕉换来的。"

面对着这些实实在在的黄金，慕哈松恍然大悟，从此更加踏踏实实地努力劳作，终于成了远近闻名的富翁。

有很多人在爬山的时候，总想找一条更省力的路到达山顶。所以，我们在爬山时经常看到有人在问那些从山上下来的人，哪一条是直通山巅的捷径。而那些从山顶下来的人却说："哪有什么捷径？所有的路都是弯弯曲曲的。"

成功的捷径就是脚踏实地

人人都有梦想，都渴望能够快速成功。可是，老天是公平的，天下从来就没有免费的午餐。如果说真的有什么捷径，那就是勤于积累、脚踏实地。

在著名企业家报告会上，有位年轻人向企业家提出一个问题："请问您在创业的那几年里，有没有走过什么弯路？您能不能给我们年轻人指一条成功之路，让我们少走弯路呢？"企业家回答："我不承认自己走过什么弯路，因为，通往成功的路从来就不是平坦的，就像登山一样，根本就没有直线可以走。"

企业家的话可以给我们一些启示。成功没有捷径，曲折也是必不可少的，只有踏实勤恳的人才能有所收获。

不要耽于幻想

在生活中，很多人失败就在于他们心中总是抱有很大的幻想、很大的目标，而对于眼前的工作却看得很简单，不努力去做，结果导致了失败。很多大事业的成功都是从一点点小的事情做起的。从众多成功人士走过的路来看，就能明白，只有脚踏实地做事，才能获得成功。

培养踏实的做事习惯

在成长的过程中,我们需要面临许多关乎未来发展的重大抉择,此时,如果沉迷于对未来不切实际的遐想中,而不能脚踏实地的努力,到头来只会"颗粒无收"。

许多人都喜欢在做事之前就大声宣扬,自己要如何如何。可是,过一段时间之后,就"销声匿迹",再也不见原来的雄心壮志了。踏实做事的人则不然,他们总是默默地先实干,最后做到"不鸣则已,一鸣惊人"。

一个做事情不踏实的人,最终很可能"四处挖井,却一个也挖不出水"。要想真正获得成功,就要培养自己踏实的做事习惯,长远规划,避免"常立志"。

▶身体力行

1. 欲速则不达。做人做事都应该放远眼光,厚积薄发,自然就会水到渠成地达成目标。许多事情都必须经过一个痛苦挣扎和奋斗的过程,当然,这也是把我们锻炼得坚强、帮助我们成长的过程。

2. 从小事训练自己。急于求成的浮躁心态,做事就很难成功,而且做起来也不舒服,不安心。当我们在做一些小事时,比如做家务时,就要训练自己,不要急于求成。时间久了,做事自然能够脚踏实地。

3. 遇事要多思考。有些人做事为何会不踏实,主要原因是由于考虑问题不深入。所以,我们遇事要多思考,考虑问题应从现实出发,不能跟着感觉走。看问题要站得高、看得远,做一个实在的人。

▶ 25. 提升自己的意志力

英国著名小说家狄更斯曾经说:"顽强的毅力可以征服世界上任何一座高峰。"这充分说明意志力对于一个人的重要性。也就是说,我们无论遇到怎样的困难,都一定要有坚忍不拔的意志力。

在古代，一位父亲和他的儿子出征作战。号角吹响，战鼓雷鸣了，战争马上就要开始了。父亲知道儿子缺乏意志力，就拿出一个箭囊，其中插着一只箭。他郑重地对儿子说："这是祖传宝箭，你把它配带在身边，就会力量无穷，但是，你要记住，千万不可抽出来。"

儿子接过了箭囊，那是一个极其精美的箭囊，通身用厚牛皮制作，镶着精美的铜边。再看那支箭的箭尾，他认定那是用上等的孔雀羽毛制作的。儿子喜上眉梢，兴奋地想着自己佩戴了这支宝箭，一定英勇无比，立下赫赫战功。

果然，配带了宝箭的儿子如有神助，他英勇非凡，所向披靡，打败了不少敌军。当鸣金收兵的号角吹响时，他再也禁不住得胜的豪气，完全忘记了父亲的叮嘱，一股强烈的欲望驱使着他，他呼一声就拔出宝箭，试图看个究竟。

没想到，那是一支断箭！骤然间他惊呆了。他喃喃自语道："一支断箭，箭囊里装着一支折断的箭。我一直挎着这支断箭打仗呢！"他吓出了一身冷汗，顷刻间仿佛失去了所有的支撑，意志力在瞬间轰然倒塌了。

结果不言自明，儿子惨死于乱军之中。

战争结束后，父亲在战场上找到了儿子的尸体，也找到了那支断箭，他悲痛地说道："不相信自己的意志力，不仅做不成将军，还丢了自己的性命！"

把胜败寄托在一支宝箭上，那是多么的愚蠢。意志力是每个人都必须有的，但是，我们的意志力绝对不应该建立在别人或者别的事物身上。那种寄托的意志力绝对不会长久，也不是真正的意志力。

成事需要有坚强的意志力

在人与人交往中，意志力强的那一个通常会影响别人。其实，不只是在人与人交往中，在做事的过程中也是一样，我们要么积极上进战胜坏情绪，要么让消极情绪打败。一个人要想做成一件事情，就要有坚强的意志力。

缺乏意志力的表现

当我们在学习中碰到困难时，是垂头丧气、一蹶不振，还是渴望着别人能帮自己搬救兵？其实，这两种心态都说明了我们缺乏意志力。学习是自己的事情，平日里不能刻苦努力,上课不能集中注意力听讲,怎么能有好的成绩呢?

有的人不能够很好地利用时间,一边学习一边做别的事情,结果一事无成。这种人经常立志,订了很多目标和计划,但就是从来没有执行过。一旦遇到挫折,就垂头丧气,一点学习的力气都没有了;还有的人,认为自己天生不是读书的那块料,不愿意多看书,多钻研,还振振有词地说,自己一拿起书本就头疼。其实,这些都是缺乏意志力的表现。

培养坚强的意志力

一个意志坚强的人,不会依靠任何人,永远会把希望建立在自己的身上,无论在怎样恶劣的环境中,都能通过自己的努力来获取幸福的生活。

所以,我们自己才是一支宝箭,若要让它坚韧锋利,若要让它百步穿杨,百发百中,我们只有用心去磨砺它。一定要记住:拯救自己的只能是自己。

▶ 身体力行

1. 制定明确的目标和计划。强大的意志力往往表现在有目标的行动之中,所以,要想培养自己的意志力,首先要给自己树立起明确的目标。以学习为例,我们要想有好的学习成绩,要为自己设立一个学习目标,并将学习目标和学习计划联系起来。不仅如此,还要把大目标分解成一个个具体的小目标。

2. 从小事做起。设立目标的作用是为了提醒我们行进的方向,但是,在做事的过程中,一定不能忽略小事。要知道,好的习惯的养成,都是从一点一滴的小事做起的。例如,每天坚持记住5个英语单词,每天坚持写1篇日记……时间久了,意志力也就培养出来了,而且学习成绩也一定会得到提高。

3. 要坚持体育锻炼。体育锻炼不仅可以使人拥有强健的体魄,充沛的精力,还能培养一个人的意志力。

4. 时刻提醒自己要做个意志力坚强的人。时刻提醒自己"千万别松懈"、"咬咬牙,坚持下去"、"决不能半途而废",坚持下去,就一定能养成好习惯。

26. 有主见，不盲从他人

> 盲从他人，说到底就是随波逐流，就是没有主见，就是一种被动地寻求平衡的适应，是一种盲目的跟风。实际上，盲从源于从众，出于无奈而又不得已而为之。我们要相信自己的眼光，凡事有主见。

有一天，他作画时画了一个人牵着两只羊，画了两根绳子。有位朋友看到这幅画就对他说："您根本不需要画两根绳子，绳子只要画一根，只要牵住一只羊，后面的羊便自然会跟过来了。"丰子恺先生听了这话，在生活中仔细观察了一下，果然如朋友所说。

后来，他发现不仅羊如此，其他动物也是如此，赶鸭人把数百只鸭子放在河里，只要牵着鸭群前面的一只鸭子，后面的鸭子自然也会跟上来。一只鸭子上岸了，其他的鸭子都会跟上岸来。

看完这个故事，我们可能会嘲笑动物的愚蠢，其实，人类也何尝不是这样呢！我们也不见得更高明。在这个复杂多变的世界里生活，很多人渐渐失去了自己的主见，变得人云亦云。

追随别人要慎重

我们的生活中，是不是也经常出现盲从的现象呢？每天，我们都在追随别人：都说课外班好，就非要上了课外班，导致上课不认真听讲；别人穿名牌，我们也非要穿名牌，否则就觉得别人会看不起我们……

其实，别人的选择并不一定适合我们。社会心理学家研究发现，影响从众的最重要的因素是持某种意见的人数多少，而不是这个意见本身。人多本身就有说服力，很少有人会在众口一词的情况下还坚持自己的不同意见。

在种种的"潮流"中,我们学会了:别人怎样,我们也怎样。导致凡事自己不愿多动脑筋,遇事喜欢跟着别人转。实际上,这是浪费时间、浪费生命的表现。别人的经验我们固然要虚心吸取,但是,也一定要结合自己的条件来判断,别人这样做是不是对的,别人做的事是不是值得自己去做,等等。

拒绝盲从,做好自己

如果我们放弃了主动进取、主动探索的精神,到头来会毫无成果,就连自己最初的梦想或目标也丢失了。著名学者陈寅恪先生倡导,为人治学当有"自由之思想,独立之精神",我们未必能像陈先生那样成为名垂青史的人物,但是,也要做好我们自己,做好我们的选择。我们要拒绝盲从,做最精彩的自己。

做自己生命的主人

经济的发展,使人们的物质生活越来越富足,可是,人们的精神世界越来越空虚。西方功利主义的思想渐渐侵蚀了我们的头脑,很多反常的现象反而跃上舞台成了主流思想。比如,帮助别人被说成了笨蛋,认为损人利己才是正常的;诚实守信被看做异类,撒谎骗人则被看做是精明能干;爱护集体被人看做是傻瓜,不管不顾才是正常的,等等。

在社会大洪流中,我们能够树立正确的价值观,学会不盲从就显得尤为重要。在人生旅途中,我们要认清方向,做自己生命的主人,才能最大程度发挥我们的价值。

▶ 身体力行

1. 树立自信心,不要依赖他人。科学研究表明,世界上最伟大的天才,也只不过使用了大脑潜能的十分之一。可见,人人都可以成为佼佼者。要逐渐地改掉事事依赖他人的习惯、充分地相信自己,独立地走自己选择的路。

2. 做事要有主见,有原则。我们要学会明辨是非、分清好坏。不要人云亦云,也不要以别人的好恶来作为自己待人处事的标准。更不能为了某种个人感情做违背原则的事。

3. 要提高自己的认识能力,防止盲从。克服盲从,要培养独立思考的能力,要有自己独立的意志,也要有充分的知识储备和处世智慧。要懂得什么是对,什么是错,这样才不至于下错抉择。

4.慎重择友。交上一个好朋友,等于多了一个好老师;结交不正派的人,就等于向邪恶靠近了一步。所以,要多结识有德行的朋友。

▶ 27.做事前先列计划

做事有计划不仅是一种良好习惯,还反映了一个人做事的态度,是能否取得成就的重要因素之一。如果一个人做事没有计划,没有条理,无论做什么都不可能取得真正的成功。

在第二届全国大学生艺术节上,江汉大学的 DV 作品《青春无悔》、《我的爱情真伟大》夺得一等奖。大家公认,这里面夏欣的功劳最大。夏欣是江汉大学教育学院的学生,她的时间安排得很紧,常常为各种活动忙碌,但她的学习成绩仍很优秀。

为什么夏欣每件事都能做得那么好呢?这要归功于她的"计划论":有计划才能实现目标,才能一步一步朝前走。她说:"大二暑假我在武汉电视台实习,正好遇上我国著名曲艺作家、表演艺术家夏雨田去世,由于我的大意,竟将艺人们抱头痛哭的画面给删了,感觉好遗憾。"自那以后,她便要求自己养成严谨且做事有计划的作风。

拍摄《青春无悔》时,正好赶上英语四级考试。为了提高效率,她做了详细的复习计划:将英语书每个单元的单词分类,每天早上 6:00 起床背单词,忙完拍摄晚上一定要再复习。就这样,在坚持一个月后,她顺利通过了考试。

懂得了做计划的好处,夏欣还帮忙学弟学妹们做计划。实习期间,学妹要做一期关于校园活动的节目,但不知从何入手,夏欣建议她:确立主题后要多方面搜集资料。准备工作做好了,还要形成文字稿本,将采访中的一问一答、评论等用串词连接……在她的帮助下，学妹的节目做得十分到位，并爱上了节目制作。

我国有句古话："凡事预则立，不预则废。"意思就是，不管做什么事情，如果事先有计划，往往会事半功倍，否则就有可能事倍功半。做事没有计划、没有选择的人，无论从事哪一行都不可能取得成绩。

大事小事，计划不可少

小到生活中的点点滴滴，大到一生的目标追求，计划都是必不可少的。计划，就是对自己要做的事情，要达到的目标有具体的时间规定，有准备、有措施、有安排、有步骤。做事有计划不仅是一种习惯，更反映了一种态度，它是能否把事情做好的重要因素。

在生活中可以看到，有很多人看起来总是很忙碌，可是，一天下来总结一下却会发现，最重要的事都没做，虽然忙碌，可是一点价值都没有。可见，做事有计划是非常重要的。它可以帮助我们有条不紊地处理事情，而不至于手忙脚乱。

时间是宝贵的，我们要把时间合理地运用在生活中，使它产生最大的效益。如果做事没有条理，不懂得计划，那我们的青春就都浪费在没有意义的事情上了。

有计划，不自乱阵脚

一个做事没有计划的人，甚至连自己的生活都料理不好，更不用说很好地学习了！在生活中，我们看到很多人早晨起床找不到袜子，临上学时找不到学习用品，要出门了又再找钥匙，这都是做事缺乏计划性和条理性的现象。

著名学者林语堂先生一生应邀做过无数场演讲，口才非常好。但是，他仍旧不喜欢别人未经事先安排，临时就要他即席演讲，他说这是强人所难。他认为，一场成功的演讲，只有经过事先充分的计划、准备，内容才会充实。林语堂是一个才华横溢的学者，并且非常擅长演讲，他都不做没有计划的演讲。

做事一定要有计划，不但要有大的规划，而且每一天都应该有计划。当我们做好了充分的准备后，才知道自己要做什么，当机会来临时就会轻松抓住。

▶ **身体力行**

1. 明白计划的重要性。有计划地做事能使人做事有方向，这就好像一个人要去一个地方，如果事先没有乘车计划、出行计划，就会漫无目的地乱乘车，无论如何也到不了终点。所以，要想做好一件事情，必须要有详尽的计划。

2. 完成计划要循序渐进，切不可操之过急。"欲速则不达"，往往我们越想快点完成，偏偏会忙中出错。所以，定好了计划一定要稳步进行，才能把事情做好。

3. 严格执行计划。计划一旦制订完，就必须严格执行，这一点是最重要的。计划可以调整，但不可轻易放弃。前面的计划执行不好，就会影响后面的事情，这样一来，计划本身也就失去了意义。

4. 每天做个总结。古人提倡的"一日三省"是非常有必要的。反省可以让人时刻保持头脑清醒，容易让自己发现计划的执行情况，是否有所遗漏，有何偏颇，等等。所以，要养成每天做小结的习惯，帮助自己发现生活中的不足。

▶ **28. 做事应该竭尽全力**

> 在人生的旅途中，成功就是尽全力使自己到达更高的目标。有时看上去我们已经无路可走，但是，只要我们没有放弃努力，终会"柳暗花明"。有人说，成功有一个简单的公式：成功 = 做正确的事 + 竭尽全力。

在美国西雅图的一所著名教堂里，有一位德高望重的牧师戴尔·泰勒。

一天，泰勒牧师向全班同学郑重其事地承诺：谁要是能背出《圣经·马太福音》中第五章到第七章的全部内容，他就邀请谁去西雅图"太空针"高塔餐厅参加免费聚餐会。

这句话刚说完，学生们都交头接耳议论起来。《圣经·马太福音》中第五章到第七章的全部内容有几万字，而且不押韵，要背诵其全文无疑有相当大的难度。尽管参加免费聚餐会是许多人梦寐以求的事,到最后几乎所有的人都放弃了。

只有一个人没有放弃。几天后,班上一个 11 岁的男孩,胸有成竹地站在泰勒牧师的面前,从头到尾按要求背了下来。他竟然没出一点差错,到了最后,简直成了声情并茂的朗诵。泰勒牧师知道,就是在成年的信徒中,能背诵这些篇幅的人也是罕见的,何况是一个孩子。

泰勒在赞叹男孩那惊人记忆力的同时,不禁好奇地问:"告诉我,你为什么能背下这么长的文字呢?"男孩不假思索地回道:"我竭尽全力。"

16 年后,那个男孩成了世界著名软件公司的老板,他就是比尔·盖茨。

每个人都有自己的梦想,每个人每天所做的努力,就是要使自己梦想成真。可以说,梦想成真是所有人最美好和最真切的期待。在崎岖的人生路上,我们都是追梦的勇士,勇敢攀登者。但是,我们总难免有这样的体会:当我们站在山脚下仰望高山时,觉得此山仿佛高不可攀,但是,又不得不往上攀。

当我们下定决心一步一步往上爬时,更觉得前路茫茫,难以到达顶点。此时,有人选择了放弃,有人选择了继续攀登。两种选择,就会有两种不同命运。

要付出足够的努力

在这个世界上,只要我们付出足够的努力——竭尽全力,就没有什么事是做不到的。也就是说,如果做事都能竭尽全力,那么我们就能梦想成真。如果一个人轻视自己的劳动,抱着敷衍了事的态度对待工作,不仅会一事无成,而且还浪费了自己的生命。

尽最大努力去做事,不仅能得到应有的回报,还会得到更有价值的东西,比如,才能的提升、经验的积累、品格的锤炼和知识的增长……

态度决定一切

要想做好任何事情,态度至关重要。一个人对待生活和学习的态度,在某种程度上反映了他的人品和志向。无论我们做什么,都要尊重自己的选择,要养成做事竭尽全力、善始善终的习惯,这样做起事来才有成效。

人的潜能是无限的

心理学家指出，一个人如果开发了 10% 的潜能，就可以背诵 400 本教科书，可以学完十几所大学的课程，还可以掌握 20 种不同国家的语言。

这就是说，我们还有 90% 的潜能处于沉睡状态。谁要想创造奇迹，仅仅做到尽量而为还不够，必须竭尽全力才行。比尔·盖茨的少年轶事给我们很大的启示：每个人都有极大的潜能，如果好好地开发，一定可以创造奇迹。

不仅如此，我们也会在努力中体味战胜自我的乐趣。当我们到达目的地的那一天，回首往事，会发现每一分辛苦都筑成了一步路。人生的乐趣不仅在于目的地，还在于这不断的追求之中，更在于"竭尽全力"的攀援之中。

▶ 身体力行

1. 不投机取巧。一个勤奋敬业的人也许并不能有所收益，但是，他至少可以获得他人的尊重。那些做事喜欢投机取巧之人，总想找到成功的捷径和简便方法，而没有想到要踏实地努力，那么，他是无论如何也不能成就的。不劳而获非常有诱惑力，但是却是一个陷阱，让人不能自拔，长时间的幻想而非努力，会使人丧失努力的本钱。

2. 锻炼自己的耐力。一般来说，耐力好的人做事容易坚持到最后。所以，在生活中我们要注意锻炼自己的耐力。这样，遇事才不会轻言放弃。

3. 相信坚持会有好的回报。无论我们面临怎样的坏局面，首先要相信，只要继续努力，一定会有一个满意的结局。有了这种信念，就可以等到"柳暗花明"。

▶ 29. 不患得患失

喜欢患得患失的人的本意是想要规避风险，但实际上最容易招来失败。因为，时机是不等人的，没有平稳的心态，做事瞻前顾后、怕东怕西，最终会一事无成。所以，要保持好心态，不患得患失。

布里丹养了一头小毛驴,他每天向附近的农民买一堆草料来喂养它。

这天,农民出于对哲学家的景仰,额外地多送了一堆草料,放在了旁边。这下,毛驴可难为坏了。它站在两堆数量、质量完全相等的干草之间,左顾右盼不知如何是好。

这头毛驴虽然享有充分的自由选择的权利,但是,它对于这两堆价值相等,客观上无法分辨优劣的干草无法抉择。于是,它左看看,右瞅瞅,始终也无法决定究竟选择哪一堆好。

就这样,这头可怜的毛驴就站在两堆草料中间,一会儿考虑数量,一会儿考虑质量,一会儿分析颜色,一会儿分析新鲜度,犹犹豫豫,来来回回,最后,它无奈地活活饿死了。

布里丹毛驴效应

在成语词典中,患得患失是这样解释的:"担心得不到,得到了又担心失掉。形容对个人得失看得很重。"故事中的驴子就是犯了这个毛病,它本来可以好好地饱餐一顿,正是由于它患得患失的心态,最后只落得被活活饿死的境地。

毛驴之所以饿死,就在于它左右都不想放弃,不懂得如何决策。后来,人们把在决策过程中这种犹豫不定、迟疑不决的现象称之为"布里丹毛驴效应"。其实,我们没有理由说驴很愚蠢,因为有时我们也会经常犯患得患失的毛病。

生活中,每个人经常面临着种种抉择。小到一日三餐,大到考学、经营,我们每一步选择,都不是那么轻松容易。每个人都希望得到最佳的抉择,于是,常常在抉择之前,反复权衡利弊,再三仔细斟酌,举棋不定。

这就是典型的"布里丹毛驴效应"。可见,患得患失真的是做事的大障碍。在很多的时候,根本没有时间等着我们思前想后,只有舍弃过多的贪欲,尽快作出决定,才能得到最好的结果。

当机立断,迅速抉择

英国哲学家培根说:"毫无理想而又优柔寡断是一种可悲的心理。"我们想想看,为什么很多人会在面临选择的时候患得患失,原因是他们担心自己的决定会带来损失，所以不愿做决定，尽量地往后拖。等到不得不做决定的时候，再去做决定。还有的甚至刚作出决定就马上反悔。

很多时候，机会稍纵即逝，并没有留下足够的时间让我们去反复思考。这时，就要求我们当机立断，迅速抉择。如果我们犹豫不决，就会两手空空，一无所获。虽说犹豫不决可以避免一些过错，但也会错失许多良机。所以，我们要摆正心态，和患得患失的毛病说再见。只有行动起来，才能挣脱犹豫的枷锁，只有迈开步子，才能知道前面的风景到底是什么。

▶ **身体力行**

1. 养成独立思考的习惯。一个人如果不能独立思考，就会缺乏主见，人云亦云，就会随时随地因为别人的观点而改变自己的思路。这样一来，就会滋长我们患得患失的坏毛病。

2. 不要太贪心。有的人为何做事总是犹豫不决，就是因为太贪心的缘故。总想着用最少的付出换回最大的回报。事实上，在大多数环境中，如果没有各方面充分的准备，一味地追求最高利益，势必将处处碰壁。

3. 保持一颗平常心。时常保持一颗平常心，就是做事最好的心态。如果我们能拥有一颗平常心，就会从容不迫地做事和生活。

4. 做个脚踏实地的人。一个人如果能把手头的事情办好了，就意味着向着梦想又迈进了一步。所以，与其在那里斤斤计较地计算得失，还不如面对现实，竭尽全力把眼前最重要的事情办好。

▶ 30. 不好逸恶劳

每个人都有惰性，但是，为什么有的人能够很好地克服它，而有的人却被懒惰牵着鼻子走呢？要知道，除去一个人的惰性并不难，须从生活中的每一细节入手培养。

有两匹马走在路上，它们各拉一辆车，车上放着主人的货物。两匹马拉的重量完全一样，可是，前面的一匹走得又快又稳，后面的一匹却常常停下来。主人以为后面的马拉得太重，所以就把后面一辆车上的一些货挪到前面一辆车上去。

后面的马见状，心里一喜，它心想，我走得慢了，主人反而心疼我，前面的马走得快，反而倒霉。既然这样，那还不如走得慢些呢！所以，它装作很费力的样子，老是磨磨蹭蹭的。

主人为了赶时间，只好一点点地减轻后面一匹马的负担，直到最后，后面一匹马车上的东西都被搬空了。这时，后面的马拉着空车，得意洋洋地对前面那匹马说："你真是个傻子，天生就是受苦的命，你越努力干，主人越是折磨你。你看我，这不是很轻松吗？"前面一匹马看看它，什么也没有说，只是很努力地拉着车。

他们又走了一会儿，在一家旅店停下休息。主人说："没想到前面这匹马这么能干，后面那匹像个废物一样，既然只用一匹马就可以拉车，我养两匹马干吗？不如好好地喂养一匹，把另一匹宰掉，总还能得到一张皮吧！"

后面的马一听就傻眼了，它明白是懒惰害了自己，可是，当它明白这一切的时候，已经太晚了。

古人说："流水不腐，户枢不蠹，民生在勤。"美国科学家富兰克林也说过："懒惰像生锈一样，比操劳更能消耗身体。经常用的钥匙总是亮闪闪的。"

在这个故事中，后面的懒惰的马由于自作聪明，最后却聪明反被聪明误。反而那个老老实实、勤勤恳恳干活的马，最后得到了主人的认可。可见，懒惰终究要受到惩罚，好逸恶劳的人看起来像是得了便宜，实际上却吃了大亏。

懒惰给人带来无尽的害处

不可否认，人都是有惰性的，但懒惰却会给人带来无尽的害处。每天早晨睁开眼睛，懒惰就会找上门来，它使我们不能按时起床，它使我们留恋温暖的被窝。此时，要是我们不愿起床的话，就已经被懒惰控制了。

当我们走入校门，开始了一天紧张的学习，此时，懒惰又偷偷地跑到了我们的脑子里，让我们不能专心听讲，不愿意动脑去思考老师提出的问题。最后，连老师布置的功课都懒得做了。由此可知，懒惰令人无法在限期内完成工作，促使人变成一个没有责任感的人。

当到了放学的时间，我们拖着懒懒的身体回到了家中，本应该帮着妈妈收拾一下家务，却又由于懒惰，硬是赖在沙发上眼睛盯着电视不肯起来，直到妈妈把饭菜端到了面前才恍然大悟，原来该吃饭了！

可见，如果我们没有自制力和意志力，是没有办法和懒惰抗衡的。懒惰使我们变得不讨人喜欢，使我们的功课不能进步，使我们没有朋友。试想，谁能喜欢一个懒惰的人呢？试问一个经常迟到、常常不交作业的人又怎么让人喜爱呢？别人见到我们这个好逸恶劳的懒样子，都唯恐我们将"懒惰虫"传播到自己身上，对我们避之而唯恐不及，还哪能去和我们做朋友呢？这样看来，懒惰的害处真的是太多了，长此以往，懒惰的人一定会被社会淘汰。

懒惰是成功的大敌

诗人陶渊明告诫后生："勤奋如春起之苗，不见其增，日有所长；辍学如磨刀之石，不见其损，日有所损。"大意是说，勤奋使人慢慢成长，懒惰使人渐渐沉沦。

一个人的成功，除了智慧和机遇等外部因素外，勤奋努力，坚忍不拔是主要的原因。一个好逸恶劳的人，即使有再高的天赋，也难以成功。

无论是好逸恶劳、不思进取、缺少责任心，还是缺乏时间观念，都是惰性在对我们的生活起作用。所以说，懒惰是成功的大敌。

下决心克服懒惰

克服懒惰，最有效的方法就是立即行动，不给懒惰丝毫的余地，不让它去残害我们的心灵。只有保持这样的警觉和精神，才能做一个勤奋的人。

赶走了懒惰的我们，自然而然就会用一种崭新的态度去面对生活。生活是公平的，付出一定会有收获，我们的努力一定会得到应有的回报。

▶身体力行

1.克服懒惰，从家务劳动开始。帮着父母做些家务劳动是我们力所能及的事情。不要小看干家务这件小事，它反映了我们很多的方面。首先，反映了我们是否有一颗为父母承担的心;其次,在做家务的过程中,还能看出我们是不是有耐心,面对一些琐碎的小事能不能做到心平气和;最后,做家务不仅可以锻炼我们的肢体,还可以锻炼我们的头脑,让我们懂得做事要主次分明。

2. 自己的事情自己做。一个懒惰的人,不仅不会主动地帮助别人做事,甚至连自己分内的事都不愿意做。所以,要学着去做自己分内的事。

3. 对于需要我们做的事,不要挑肥拣瘦。在生活中,当父母要求我们做一件事时,我们经常会推脱,如果实在推脱不过,就会撅着嘴巴挑来拣去。其实,挑剔的本意就是不愿意做,对一件自己根本不想去做的事情,才有这么多的理由。如果我们真的要决心和懒惰说再见,就一定不要再挑剔。

4. 培养吃苦的精神。很多时候,一个人之所以会变得懒惰,就是因为精神已经开始变懒了。既然这样,我们就要防止精神上的懒惰,做勇于吃苦的人,踏踏实实地做事,一步一个脚印,不要给懒惰任何趁虚而入的空间。

▶ 31. 不给自己找任何借口

成功的人面对挫折和失败常常反躬自省,而不是到处找借口。反之,一事无成、胸无大志的人,往往却有一箩筐的借口,给自己找借口就是推卸责任,整天给自己找借口的人,是不值得信任的。

有个人不幸的人,一生中曾经遭受过两次惨痛的意外事故。第一次不幸发生在他 46 岁时,那是一次飞机意外事故。那次事故使他身上 65% 以上的皮肤都被烧坏,他一共经历了 16 次手术,他的脸因植皮而变成了一块调色板。手术做到最后,他的手指没有了,双腿也变得特别细小,而且无法行动,只能坐轮椅。

可是,谁能想到,6 个月后他竟亲自驾驶着飞机飞上了蓝天!不幸的是,4 年后,不幸再一次降临到他的身上,他所驾驶的飞机在起飞时突然摔回跑道,他的 12 块脊椎骨全部被压得粉碎,腰部以下被医生宣布永远瘫痪。

就是这么一个在别人眼中不幸的人，却没有倒下去。他没有把这些灾难当做自己消沉的理由，他说："我瘫痪之前可以做1万种事，现在我只能做9000种，我还可以把注意力和目光放在能做的9000种事上。我的人生遭受过两次重大的挫折，所以，我只能选择不把挫折拿来当成自己放弃努力的借口。"

他的话感动了许许多多的人，这位生活的强者，就是米契尔。正因为他不给自己找借口，永远不放弃努力，最终成为一位百万富翁、公众演说家、企业家，还在政坛获得了一席之地。

美国的西点军校把塑造学员的精神品质放在教育的首位，通过一系列严格的教育，让学员牢固树立以"责任、荣誉、国家"为核心的军人品格。该校学员在遇到军官问话时，一般只有四种回答方式："是！""不是！""不知道！""没有任何借口！"其中，"没有任何借口"，可以说是西点军校的独创，非常耐人寻味。

借口总是会有的

人们都讥笑狐狸，因为它吃不到葡萄，还说葡萄是酸的。但是，在现实生活中，为自己找借口的事很多人却天天在做。比如，明明打算第二天早起读英语，第二天早晨却又赖在床上不起来，理由是"我昨晚没睡好"或"今天天太冷了"。又比如，这一次的成绩不如上一次，本应该找找退步的原因，可是最后却埋怨别人，不是怨老师出的题太难了，就是怪家里没给自己创造好的学习环境。

有人说，世界上最容易办到的事，就是为失败找个借口。这些借口看起来都很合理，让我们安心地生活在别人的"错误"中，安于现状，丝毫看不到自己的失误。殊不知，经常找借口是一种病，叫作借口症，患有这种病的人，只会一时的痛快，却不能取得长远的进步。

不为自己找借口

只有那些遇事不为自己寻找借口的人，才能踏踏实实地去做事。也只有这样的人，才能在充满挑战的时刻脱颖而出，得到大家的认可。

一个积极进取的态度是战胜自己、战胜脆弱的法宝，不为自己找借口，就能认真的反省自我,从而激发潜力,成就自我。那么,就让我们勇敢地和借口说再见吧!消灭借口的过程,也是我们不断磨砺自我、创造自身价值的过程。

▶ 身体力行

1.每天提醒自己,不找任何借口。每天早晨,在上学的路上都提醒自己,要做个勇敢的人,不为失败找借口。试着对自己说一遍下面的话:"我是一个对自己言行负责的人,我不会为自己找借口。""只有勇敢地面对,才能突出重围。""找借口就是懦弱的表现。"以这些话来激励自己,不做一个找借口的人。

2.学会立即行动。一般情况下,借口总在我们懒惰、拖延,不敢面对的时候出现。所以,遇事要学着像成功的人那样立即行动,主动向着那个喜欢找借口的自己挑战。久而久之,喜欢找借口的毛病就会消失不见了。

3.学着去反省自己的过错。喜欢找借口的人,总是会把问题加在别人的身上,好像自己的不幸都是别人造成的。从现在起,学着去反省自己的过错,也许一开始会很难,但是,如果你已经开始这样做了,就会慢慢发现,原来自己才是"陷害"自己不能成长进步的"罪魁祸首"。

4.明白方法总比问题多。我们要相信自己的能力,相信解决问题的方法总比问题多。试着去勇敢地面对困难,就会发现它其实并没有那么可怕。

第三章

学习的细节

学习将伴随我们的整个人生历程，并影响我们一生的发展。所以，我们一定要学会学习，把握好学习的每一个细节，更要树立终身学习的观念。只有持续地学习，努力培养强大的学习力，我们才能取得好的成绩，才能有效应对社会的各种变化。

32. 找到学习兴趣

如果一个人对某种事物产生了兴趣,就会非常热情地投入其中。俄国科学家涅斯米扬诺夫说:"没有强烈入迷的兴趣,就没有科学家。兴趣是科学发现最好的引路人。"所以,我们要让兴趣成为学习的动力。

奥地利有个小男孩,每天总是在院子里观察鸡、鸭、鹅等小动物。父亲是当地一位著名的骨科医生,他希望儿子将来能继承自己的事业,也做一名受人尊敬的医生。但是,小男孩似乎并不太喜欢学医。

一天,小男孩又在院子里观察鸭子了。过了很长一段时间,他还是一直呆在那里看。父亲见他这样着迷,就说:"孩子,你不能总是对这些小动物感兴趣,你应该像爸爸一样学医。"

男孩一本正经地说:"不,爸爸,我确实喜欢这些小动物,难道我长大了不可以研究小动物吗?"

父亲劝告他:"孩子,不要只顾自己的兴趣,学医才是正经事。"

孩子有些不解,他问父亲:"爸爸,你知道为什么小鸭子刚孵出不久,就能认识自己的妈妈吗?为什么它们总是很快就能找到自己的同伴?"

"这,这……"精通医学的父亲被问倒了。他对儿子说:"好吧,爸爸支持你研究小动物,但你还是应该学医。"

看到父亲支持自己的兴趣,小男孩便高兴地答应父亲学医。从此,他一边研究他的小动物,一边学医。

后来,男孩从医学院毕业后回到了位于奥地利北部的家乡,承续祖业行医治病,同时从事动物学的研究。

1935年春天,男孩偶然发现一只刚出世的小鹅总是追随自己,几经分析排除,他推测这是因为这只小鹅出世后第一眼看见的是人,所以把人当做了它的母亲。进一步的实验证实了这一推测。继而,他总结出"铭记现象",又称"认母现象",并提出动物行为模式理论,认为大多数动物在生命的开始阶段,都会无需强化而本能地形成一种行为模式，且这种模式一旦形成极难改变。如果在出生后的 20 个小时内，小鹅接触不到鹅妈妈或人，这种"认母行为"也就消失了。

男孩正是凭着浓厚的兴趣和不懈的坚持，不断研究着小动物。后来，他发现，在动物的神经系统中，具有一种生来就有的释放机制，这种机制对释放者存在着一触即发的特殊反应。这就是他在观察中得出的动物铭记能力的原因。

1953 年，因为这一重要发现，他获得了诺贝尔生理学或医学奖。他就是奥地利的生物学家、现代动物行为学的创始人康罗·洛伦兹。

一个学习成绩非常好的学生，一定对学习有着强烈的兴趣，因为兴趣是他取得好成绩的动力和源泉，也是取得好的学习效果的基本条件。

当我们对学习有兴趣的时候，就会觉得学习是一件心情愉快的事情。相反，如果我们对学习没有兴趣，就往往很厌倦学习，觉得精神空虚，烦闷苦恼。一个对学习没有兴趣的人，他的学习生活难得有幸福宁静可言。

成功的秘密在于强烈的兴趣

一个人成功的秘密就在于有强烈的兴趣，以及由此产生的无限热情。有人说，兴趣是一个人追求学习目标的动力。大凡成功的人一般都对学习有着非常强烈的兴趣。美国作家爱默生说："有史以来，没有任何一项伟大的事业不是因为热忱而成功的。"这里所说的热忱，也是由强烈的兴趣使然。

当年，著名科学家陈景润在研究哥德巴赫猜想时，无情的疾病正侵蚀着他的身体，但是，强烈的兴趣让他忍受着疾病的折磨，为摘取数学皇冠上的明珠——哥德巴赫猜想而努力。

兴趣是最好的老师

爱因斯坦 4 岁时的一天，父亲送给他一个指南针。小爱因斯坦发现，无论怎么摆放指南针，指针总是朝着一个方向。这让小爱因斯坦感到十分好奇，他说："这里面一定有什么奇妙的力量在起作用！"于是，他就问别人，别人也答不出来，他就自己琢磨。渐渐地，他对神秘的科学产生了浓厚的兴趣。

后来，已经卓有成就的爱因斯坦在自传里追溯他的科学人生历程时，还专门提到了这件事给他的心灵带来的兴趣与震撼。他认为，兴趣是最好的老师，指引着他不断努力探索。所以说，兴趣能够引人踏入某一专门知识的深广领域，可以把人引向伟大事业的辉煌峰巅。

兴趣是构成学习动机的最具实际意义的因素，能让我们集中注意力、产生愉快、紧张的心理状态，对认识过程产生积极的影响。所以说，兴趣是我们从事学习活动的强大动力，我们一定要让兴趣为我们的学习助一臂之力。

▶ 身体力行

1.积极参加课外兴趣小组活动。课外兴趣小组活动是我们驰骋想象的广阔天地，不论是舞蹈、体育、航模、美术、书法，还是天文、地理、化学、生物、电脑，每一个兴趣小组活动都会有大量的形象化的事物进入我们的大脑，而且需要我们进行创造性想象才能完成相关活动任务。这十分有益于我们的学习。

2.利用周末、节假日走进大自然。大自然不仅是孕育人类的摇篮，更是人类获取知识的源泉。我们应该在周末、节假日等空闲时间走进大自然，向大自然学习，了解自然环境生态，这样，我们就能对自然界产生兴趣。

3.有针对性地看一些相关的科普书籍，如《十万个为什么》、《少年儿童百科全书》等，这些能使我们对书中的科学技术方面的知识产生浓厚的兴趣。

4.合理地安排时间，每次持续时间不宜过长，否则会降低学习兴趣。

▶ 33.制订合适的学习计划

随着课业任务的逐渐繁重，我们一定要更加注意有计划地安排自己的学习，什么时候学什么科目要做到心中有数。只有制订好学习计划，并严格执行，才能更好地学习，取得更好的学习成绩。

这是一位中学生为自己制订的学习计划：

第一，在课堂上，认真学好老师所讲的内容，争取全部当堂消化，不能消化的部分，在当天的课外时间内全部解决；课外时间，主要是补习英语。

第二，课外英语的学习分成个板块：第一是学习《新概念英语》，听学校广播台的英语广播，提高自己的英语听力；第二是每天熟记6个单词，全年记住2000个单词，开始读较浅的英语课外读物；第三是积极参加学校的英语角，提高自己的口语水平。

第三，每日作息时间：早晨5:30起床，跑步20分钟，背英文单词30分钟。上午上课。中午午休再读30分钟的英语。下午上课。18:00吃晚饭。晚饭后散步20分钟。晚上自习到21:00，21:30休息。

这个学习计划有三个优点：第一，针对性强。他在制订计划前，很了解自己的各门功课的状况，因为英语比较差，所以大部分课外时间都用来补习英语，以此来提高英语水平。第二，时间安排很具体。在什么时间做什么事，每件事花多少时间，都安排得十分详细。第三，目标非常明确。比如，全年要记住2000个英语单词，全面提高听说能力，这是很难得的。无疑，这个学习计划是可行的。

计划应该切实可行

制订学习计划最重要的就是要切实可行，要符合自己的实际情况。只要抓准了这一条，努力去执行计划，一段时间之后，一定会有很大的进步。凡事预则立，学习有了具体可行的计划，学习起来才不会盲目。

如果学习没有计划，就会陷入一种茫然无头绪的状态中，费了很多时间还没有办法达到预期的效果。所以，我们要学会根据自己的具体情况，制订学习计划。

计划贵在执行

制订好了学习计划，还要严格执行好。很多同学制订了学习计划后，只执行了很短的时间就变得懈怠了，最后的目标根本不会实现。

实际上，不能很好地执行学习计划有这样几个原因：第一，自我约束能力差，计划上已规定好在某个时间段做某件事，但到时却因为缺少毅力和自制力，又去做其他事了。第二，经常拖延，今日该完成的事却留到明天再做。第三，计划安排的学习内容太多,学习任务过重,所以时间不够用,不能达到很好的效果。

可见,想要让学习计划发挥出最大的效用,应该坚持不懈地照计划实行。尽管刚开始实行有些困难,但也一定要告诫自己:要坚持一下,不要给自己找借口。这样忍耐几次后,就会养成全面执行学习计划的习惯。

如果在执行过程中出现不适合自己的状况,要及时调整。

改掉拖延的坏习惯

另外,一定要改掉拖延的坏习惯,不要寄希望于明天。否则,就会形成"今天推明天,明天推后天"的恶性循环。要根据自身的实际情况,要量力而行,学习内容不能安排得太多,把学习和休息结合起来才能收到好的效果。

▶ 身体力行

1. 学习计划要合理。比如,18:30～19:30学习数学,19:30～20:30学习英语,这样的安排就不合理,中间应该有休息时间,如19:40～20:40学习英语就比较合适,这样可以让大脑和四肢的疲劳得到调节与缓解。

2. 安排好课外学习时间。在课外时间里,应该具体安排要读的书和要做的事,不能让时间白白流走。

3. 做好长短学习计划。长计划就是指一个学期要实现的大目标,而短计划就是一星期甚至一天要实现的小目标。只有积少成多,才有可能实现大目标。

4. 注意计划的效果,及时调整。每个学习计划执行到一个阶段,就要检查一下效果。如果效果不好,应该及时查找原因,作出必要的调整,使计划更切实可行。

▶ 34. 培养高超的记忆力

记忆是最基本的认知能力层次,任何高层次的能力及其运用都建立在这个基础之上。记忆是最基本的学习能力,没有记忆,就没有其他能力可言。所以,我们要培养高超的记忆力。

陈正之是宋朝的读书人，他看书特别快，抓住一本书，就一个劲地赶着往下读，一目十行，囫囵吞枣。他读了一本又一本，花了很多时间和精力，可是效果很差：读过的书像过眼烟云，根本就留不下一点印象。这使他十分苦恼，怀疑自己的记忆力不好。

有一天，他遇到了当时著名的学者朱熹，就向朱熹请教。朱熹询问了他的读书过程后，给了他一番忠告：读书不要只图快，哪怕每次只读50个字，重复读上几遍，也比这样一味往前赶效果好。读的时候要用脑子想，用心记。

陈正之这才明白，他之所以记不住读过的书，不是因为记性不好，而是因为读书的目标不明确，方法不对头，他把读书多当成了读书的目的，忽视了对书籍内容的理解和记忆。这样匆忙草率地读书，既消化不了书中的内容，又不能进行有意记忆，记忆效果当然不会好。

后来，陈正之接受了朱熹劝告，每读完一段内容，就想想这段文字讲了些什么，有几个要点，并且留心把重要的内容记住。经过日积月累，他终于成了一个学识广博的人。

当我们高高兴兴地踏进学校大门时，当我们一天天长大、变得越来越懂事时，当我们的学习任务一天比一天繁重时，我们是否整天在为记不住东西而担忧呢？我们是否能够轻松地记住所学的各种知识呢？

我们的智商都很正常。但有时候，却会把钥匙落在学校，会把作业本落在家里，刚刚用过的东西却找不到了，刚学过的东西转眼就忘了，等等，是我们太笨吗？当然不是，只是因为我们没有掌握科学的记忆方法，才为学习和生活添了很多麻烦。

学习离不开记忆

学习是一个对知识进行理解、记忆和运用的过程。而记忆是学习的基础与前提，如果没有记忆，就不可能产生观念，学习更是无法进行。

"工欲善其事，必先利其器。"学习也是这样，"器"的作用非常大。这个"器"就是对所学知识的记忆，只有把大量的知识都装进大脑，才能在考场里奋笔疾书，下笔有神；才能在进一步的学习中更好地发挥自己。

艾宾浩斯遗忘曲线

德国心理学家艾宾浩斯曾对记忆的要害——遗忘现象作过系统研究,发现了著名的"艾宾浩斯遗忘曲线"。"遗忘曲线"显示:人的遗忘具有"先快后慢"的特点,在最初 20 分钟内,遗忘率达 41.8% ,1 小时后为 55.8% ,8 小时后为 64.2% ,24 小时后为 66.3% 。也就是说,在不到一个星期的时间内,原本记得清清楚楚的内容就只剩下 1/4 了!

这就是权威专家们研究出来的关于人类记忆的基本特点,精确的数字已经明确地告诉我们:记忆有遗忘规律,有些人之所以记忆力很好,记得很准确,那是因为他已经充分掌握自己的记忆规律,会在知识将要遗忘的时候重复记忆,从而让知识变得更加牢固。

四个最佳记忆时段

研究表明,人的大脑有四个最佳记忆时段,分别是:清晨起床后为第一个时段;上午 8:00 ~ 10:00 点为第二个时段;晚上 18:00 ~ 20:00 为第三个时段;入睡前 1 小时是第四个时段。学习时可充分利用这四个最佳时段集中记忆。

加强记忆方法的训练

有的人记忆力特别好,好像没有什么是他记不住的,这是因为他能长期地训练自己的记忆力,所以脑中的记忆方法就越来越多,记忆力越来越好。所以,要想成功地提高记忆力,关键在于加强记忆方法的训练。

如果从现在开始掌握一些科学的记忆方法,并灵活运用,就可以明显提高学习效果。这样不仅可以迅速提高成绩,还能省出时间去做一些喜欢的事。

赶紧行动吧,用心发现和总结,掌握记忆遗忘规律,在最适合的时间做最合适的事,我们就会成为一个既聪明又感觉不到累的记忆高手。

▶ 身体力行

1. 明确记忆目标。研究表明,记忆的目标越明确、越具体,记忆的效果就会越好。任务明确,才能调动心理活动的积极因素,全力以赴地实现记忆任务。

2. 在理解的基础上记忆。理解是记忆的第一步，是记忆的前提和基础。记忆的技巧，归根结底还是要以理解为基础，只有理解了，记忆效果才会事半功倍。

3. 及时复习巩固。对学习的知识，如果没有及时去复习巩固，过一段时间，已经记忆的内容就会荡然无存。每次复习完全记清时，最好再多投入50%的时间去巩固。这样经过若干次复习后，记忆就会比较牢固了。

4. 养成良好的记忆习惯。记忆过程必须要专心，对要记忆的知识保持一种兴奋状态，不能三心二意。

5. 要有科学的作息规律，并且补充足够的营养。大脑也会疲倦，要有张有弛，该休息时就要让大脑得到休息。

6. 记忆前，必须先进行记忆调节，树立信心，相信自己一定能记住这些材料，千万不要事先怀疑、担心自己记不住。记忆过程中，要控制好心态，不能急躁。

7. 一次记忆的材料不宜过多。应该控制好每一次记忆材料的总量，如果总量多了，非常容易产生脑疲劳，使记忆率下降。

8. 尝试运用多样化的记忆方法，如联想记忆法、多感观记忆法、归纳记忆法、形象记忆法、口诀记忆法等。

▶ 35. 别跟粗心大意做朋友

粗心大意一定要不得，它比无知更可怕。也许就因为一个小疏忽，却付出沉重的代价。甚至说，1%的粗心就会导致100%的错误，从而引起最终的失败。所以，一定不能粗心大意，要让自己的心变细。

有一次考试，为了防止作文题目泄露，只在考试卷上印了"作文题目写在黑板上"几个字，意思是到时候会由监考老师把作文题目写在黑板上。

可在考试时，居然有一名学生就以"作文题目写在黑板上"为题，奋笔疾书，洋洋洒洒地写了一大篇交出去。

粗心大意是一种很常见的毛病,在我们身上普遍存在,表现得非常明显。粗心大意可能会让我们在考试中失去一分,也可能会让我们在关键时刻落后于他人,甚至可能让我们承受巨大的失败和痛苦。所以,千万不能小视粗心大意的毛病。

导致粗心大意的原因

导致我们粗心大意的主要原因有以下几个:一是我们的视觉记忆和辨识能力较弱;二是没有及时纠正粗心的毛病,久而久之就形成了不良习惯;三是缺乏责任心,对什么事情都心不在焉;四是做事不踏实,草率盲目,紧赶慢赶,往往就会丢三落四,忙中出错。

认识粗心大意的危害

有很多同学对自己粗心大意的毛病还没有充分的认识,认为这没有什么大不了,以后认真细心就是了。其实不然,如果我们不及时纠正粗心大意的毛病,就等于给自己在学习、生活以及未来的人生道路上设置了一个障碍。所以,我们要对粗心大意的危害有足够的认识。

粗心大意是犯错误的亲戚,凡事小心一点不会有错。对我们来说,一定要清醒地认识到粗心大意的巨大危害,要明白,这个世界上任何伟大成就的取得都与粗心大意是绝对隔离开来的。要知道,粗心大意不但会阻碍我们的发展,还会让父母担心,让他们发愁。

有一位父亲这样说:"我女儿平时的功课很好,我们给她出的题她都会做。可是,一遇到考试,她粗心大意的毛病就会复发。每次考完,她都很有信心,说没有什么不会做的。可是卷子一发下来,错误太多了,不是漏了一个数,就是多写了一个数。我们马上再考她,她还是会。她这种粗心大意的毛病怎样才能改掉呢?"

如果我们意识到自己粗心大意的毛病会让父母这么着急,我们还有什么理由不努力改正呢?千万不要忽视"粗心大意",更不要纵容它,如果让粗心大意一次次在学习和生活中出现,慢慢地,它就会变成一种坏习惯。

改正粗心的毛病

学习中、生活中很多失误和失败的事例都是粗心大意造成的。我们都有这样的经历：自认为学习非常认真，一定会考好，可成绩却让自己大跌眼镜，一个很重要的原因就是粗心。如果不修正这个毛病，下次它还会发挥作用。如果我们在中考、高考时粗心大意，损失往往就会很大，甚至无法弥补。所以，做事一定要谨慎细心，千万不能大大咧咧。

▶ **身体力行**

1. 认真思考，不要急于回答问题。要仔细审题，理解题意后再动手。如果做错了，要自己分析出错的原因，并能叙述解题的思路。

2. 平时训练注意力。无论做什么事，都应该全身心地投入其中，把所有的注意力都集中到一点，千万不能三心二意。

3. 在生活中体验细心。在家让生活井然有序，做事要有规律，不可随心所欲到处乱放东西。另外，可以择洗蔬菜、缝扣子等，这些都会让我们变得细心。要有意识地去做这些事，久而久之，自然能改掉粗心大意的毛病。

4. 事后认真检查。比如，做完作业或考试完后，认真检查一下有没有错别字，有没有写错数字，上学前检查一下上课要用的书本有没有带齐，等等。

5. 制定惩罚粗心大意的措施。如果因粗心大意而导致作业或考试成绩不理想，就可以对自己有一点小惩罚。比如，取消原定的外出计划等。

6. 培养责任感。有了责任感，自然能够小心谨慎地对待每一件事。

▶ 36. 用眼睛捕捉信息

眼睛是心灵的窗户，学会用眼睛捕捉身边事物中的每一个信息，透过事物的表面看到事物的本质，这就是观察力。观察力是一种重要的感知和认识事物的能力，是智力的主要组成因素。

尼里斯·劳津是丹麦的一位医生。一天,他在屋里看书久了,感到有点累,他就走到窗前放松一下。他发现,院子里有只猫躺在地上晒太阳,当树阴就要遮住猫的身体时,那只猫立刻挪动身子,树阴每移动一步,猫也跟着挪动一步,始终不让树阴遮住自己。

劳津很纳闷:这是为什么呢?天气并不冷呀,难道猫就这么喜欢晒太阳?他决定弄个明白。于是,他走到院子里,蹲在猫的身边,仔细观察起来。这下他明白了:原来猫身上有个流脓的伤口。一连几天,它都躺在院子里晒太阳。结果,伤口很快就全好了。

劳津立刻想,太阳光能使猫的伤口尽早愈合,会不会也帮助人治疗伤病呢?带着这个问题,他做了一系列实验。后来他写出了《光对人体的生理作用》的研究论文,并获得了世界科学的最高荣誉——诺贝尔奖。

猫晒太阳是一件十分平常的小事!可在劳津医生的眼里,却变成了一项重大发现。因为他有一双善于捕捉信息的眼睛,能及时捕捉住瞬间的秘密,并能深入研究,从而获得了诺贝尔奖。这就是非常出色的观察力。

科学家大都具备优秀的观察力

人类历史上,尤其是科学发展史上的成功人物大都具备优秀的观察力。

物理学家牛顿从小就非常喜欢对周围的事物进行仔细地观察,他试图透过现象看到问题本质,他要通过不断的观察,把不懂的地方彻底弄明白。有一次,他为了观察顺风与逆风的速度差,就在狂风中冲出门外,一会儿顺风前进,一会儿逆风行走。正是这种观察力,成就了他巨大的科学成就。

可以说,观察是获得知识的重要环节,是一个人智力活动的源泉。研究表明,人们获取信息,75%是通过眼睛的观察来获得的。所以说,观察是获取外界信息的一种重要途径。

观察是一切学习的开始

一个人如果对周围的事物"视而不见或听而不闻",他就会失去学习的基础,从而使他的精神世界变得贫乏。相反,如果他对周围的事物充满兴趣,善于观察，他就会在不知不觉中学到知识，体验快乐。

对我们来说，学会用眼睛捕捉信息是认识世界的重要途径，也是完成学习任务的必备能力，属于智力品质的范畴。学习知识需要从观察开始，即使是间接地从书本上获得知识，也离不开眼睛的观察活动。

观察是我们追求成功学习所必须掌握的能力，也是认识周围世界的第一能力，是一种宝贵的、威力巨大的能力。所以，我们一定要掌握这种能力。

观察要有意识，有目的，有计划

我们要做观察的有心人，要有意识地观察某种事物。这样的观察，收获大、印象深。俗话说："处处留心皆学问。"观察的目的性越明确，收获也往往越大。比如，同样是登泰山，一个想了解泰山脚下的风俗人情或想了解那里的历史文化的参观者与一个走马观花、随意游览的人，收获肯定大不相同。

想要观察某一事物，一定要事先设定观察目标，以便于更加仔细认真地观察。正如法国科学家巴斯德所说："在观察的领域中，机遇只偏爱有准备的头脑。有了明确的目的和计划，就有了观察的中心和范围，这样才能把观察力集中在所要观察的事物上。"当一个人有明确的观察任务时，往往就会积极主动地去观察。

▶ 身体力行

1. 重视观察的目的性。在观察前，要明确观察的目的和具体任务，带着问题去观察。一定要克服观察的随意性，只有这样，才能为观察行动确定一个基本方向。漫无目的地去看，就不会在脑海里留下深刻印象，也不会有什么观察效果。

2. 观察与思考相结合。要在看的过程中不断地对对象进行分析、综合、比较、判断，这样才能把握观察对象的特点，不断有所收获，并不断提高观察能力。

3. 多角度、全方位观察。知道先观察什么，再观察什么，对观察对象进行全面、正确的观察，尤其要观察不易引起人注意的地方。

4. 掌握一些观察方法。如全面观察法、分解观察法、对比观察法、想象观察法、归纳观察法、突现观察法等。

5. 随时随地都要观察。比如，观察星空大地、山林草木、小猫小狗等。

6.记录观察结果。这不仅是对观察的总结,也是巩固知识点,积累知识的一种好方法。也可以将观察的步骤和发现写进去,并写出观察的心得。

▶ 37.一定要珍惜每一分钟

时间就是生命,浪费别人的时间就是"谋财害命",浪费自己的时间就是"慢性自杀"。所以,我们一定要学会珍惜时间。惜时,是一个奇妙的词,有智慧的人会把惜时当做自己终生的习惯。

德国著名作家歌德一生勤奋写作,作品极为丰富,有剧本、诗歌、小说,也有游记,他一生留下的作品共有140多部,其中包括世界文学瑰宝——长达12111行的诗剧《浮士德》。

歌德为什么能取得如此惊人的成就?非常重要的一个原因就在于他一生非常珍惜时间,把时间看做自己的最大财产。在一首诗中,他这样写道:"我的产业多么美,多么广,多么宽! 时间是我的财产,我的田地是时间。"

他是这样说的,也是这样做的。他一生中把每一个钟头当60分钟用,视时间为生命,从不浪费一秒,直到1832年2月20日,这位84岁的老人在临终前还伏案专心写作。

时间犹如流水,每个人都无法挽留,当然更不能挽回。时间一分一秒不停止地流逝,留下那一串串历史的脚印。勤劳者能从时间中获取累累硕果,懒惰者只能在时间中生出一头白发,最终两手空空。

珍惜时间,精彩度过每一天

惜时,顾名思义,就是珍惜时间。惜时,就是懂得利用有限的时间去做有价值的事。古今中外,有太多名垂青史的伟人懂得惜时。正因为惜时,他们才完美地运用了这笔每个人都有的财富,精彩地度过了人生中的每一天。

所以,我们在学习和生活中,重视时间,就要如同重视生命一样,学会了珍惜时间,利用时间,管理时间,这样,我们就等于学会了珍惜自己的生命。

然而,很多同学并不懂得珍惜时间,总是觉得自己时间很多,宁愿把时间浪费在网吧里和小说上,或者无聊的争吵上面,白白浪费了时间。要知道,学生阶段是人生的黄金时期,我们应该分秒必争,合理利用时间,使自己成才。

时间对每个人都很公平

时间对任何人都一视同仁,每人每天24小时,不会多,也不会少。可不同的人利用时间的效果却大不相同。比如,有的人整天埋头苦读,并没有很好的成绩;有的人不仅学习成绩好,课外活动也丰富多彩,生活很充实。为什么会有这样的差异呢? 关键原因之一就是运用时间的方法不一样。科学合理安排时间,才能轻松学习、快乐生活。

充分利用时间

时间最宝贵,它无法用金钱买到。常言道:"一寸光阴一寸金,寸金难买寸光阴。"只有珍惜时间,充分利用时间,才能干出一番大事业。珍惜时间也就增加了做事成功的几率,一定要牢记这个道理。

有一名少年大学生非常善于安排时间。他的爱好广泛,每天做完作业后,或看课外书,或练书法、学画,或背几首诗词,有时候还打打球、练练乐器,生活忙碌而充实。他总结经验时说:"我从来不在那些毫无意义的事上花半分钟时间。我以为真正浪费时间的人有两种,一种是到处嬉闹,干毫无意义的事,随意浪费时光;另一种人除课本之外不看任何书、不干任何事,看起来学习很专一,实际上学到的东西太少,没有充分利用时间。"

正因为时间可贵,所以我们要让每一秒物有所值,要善于安排时间,学会在自己精力最好的时间做最重要的事。

▶ **身体力行**

1. 认识时间的价值。首先,时间最宝贵;其次,光阴似飞箭;再次,时间很公平;最后,时间很神圣。

2. 做一个详细时间表。把每个时间段要做的事都安排好,这样,就会发现不仅预计的目标会按期完成,还会有剩余时间可以利用。当然,时间安排要有张有弛,不要把时间全部都安排在学习上,要劳逸结合,以利于身心健康。只有合理安排,才能真正忙而不乱。

3. 集中精力做事。养成做事情聚精会神的习惯,尽量避免外界干扰,在很短的时间就能完成大量的任务,不至于手忙脚乱。

4. 按照事情的轻重缓急程度做事。根据内心的价值标准,判断众多事情的轻重缓急程度,合理安排事情的先后顺序,一一完成。

5. 学会利用零碎时间。用零碎的时间来学习整块的东西,做到点滴积累,系统提高。获取高深的知识,没有捷径可走,只能靠平时一点一滴积累。

6. 不做浪费时间的事。生活中有些事情是我们必须做的,有些则是不必做的,有些则是可做可不做的。有时候,要学会拒绝,养成珍惜有限时间的习惯。

▶ 38.尝试小发明创造

如果你渴望自己的智慧之花早日绽放,希望自己的灵感早日到来,就请你迈出发明创造的第一步吧!现在就开始行动。小的发明都能很好地激发创造潜能,培养创造性思维,对我们的学习、生活大有裨益。

一名中学生在一年中申请了6项专利。对于自己取得的成绩,他这样说:"发明并不神秘,我最大的灵感都来自生活。"

这位中学生发明了一种"震动功能枕头",因为每天很早就得起床上学,闹钟经常把家里人吵醒,他觉得这样很不好,于是就从手机震动的原理受到启发,发明了这种枕头。

还有一名中学生，他曾经丢过5辆自行车，郁闷万分的他冥思苦想：怎样才能让自行车不被偷走？于是，经过反复思考和实践，最终他发明出了一种防盗锁——自行车立体防盗锁。就是这项发明获得了"宋庆龄少年儿童发明奖"金奖。

一个人的创造精神和发明能力应该尽早培养，而参加科学探索和技术发明活动，就是培养发明创新能力的一种好途径。

发明创造并不神秘

发明并非高不可攀，也并不神秘，所以我们要敢去叩响发明创造的大门。对我们来说，完全有能力在日常的学习和生活中取得较高水平的发明。

关于发明创造，诺贝尔奖获得者阿尔伯特·森特·哲尔吉说："发明是由人人都见过的东西加上人人都没有想到的东西构成的。"著名教育家陶行知也说："处处是创造之地，天天是创造之时，人人都是创造之人。"

可见，发明创造的门槛并不高，而且每个人都能够成为一个发明能力很高的人，关键是看自己如何发掘和培养创造能力。我们应该坚定一种信念，只要经过努力，充分发挥自己的能力，认识并注意克服自己的缺点，我们就一定能成为具有非凡创造能力的人，并能够在所进行的发明创造中体验到无穷的乐趣。

发明离我们并不遥远

发明离我们并不遥远，更不是遥不可及的事情，只要我们多加留意一下身边发生的事情，及时捕捉一些灵感，积极思考，就会抓到这笔"发明"的宝贵财富。

在一次青少年发明展会上，有很多极具实用性的小发明，像挤牙膏的小盒子、擦地拖鞋、筷子快速吹干器、新型包书皮等。看到这些发明，一位参观者激动地说："孩子们的小发明太有想象力了，想到了成年人没有想到的事！"

要对自己有信心，即使是在发明创造过程中遇到了各种困难，我们也能想方设法，尽最大努力去克服。一旦我们用毅力排除发明创造道路上的障碍后，就会发现一片广阔的发明创造的天地已经展现在自己面前。

发明创造源自生活

世界上任何伟大的发明创造都离不开平凡的生活。爱迪生的很多项发明都是因为生活中的某些小事触发了他的灵感而来。当然,平常的小发明也就更离不开平凡的生活了。一位记者曾深入众多学校采访青少年发明者,结果发现,他们的发明灵感来源于生活,源于对生活的观察和思考。

生活孕育了发明创造,发明创造源自生活。只要我们平时注意观察生活,就会发现生活中很多事物不完善的地方,只要肯于积极思考,就能激发灵感,如果再能利用所学到的知识加以改造完善,一项小发明很可能就这样诞生了。

发明创造的 16 字箴言

有人说,只要我们在生活中"善于观察,乐于想象,敢于实践,勇于坚持",就一定能够打开发明的大门。愿我们都能记住这 16 字箴言!

▶ 身体力行

1.要有发明创造的想法,敢于付诸行动,不怕失败,勇往直前,在发明创造的道路上就一定能够走得更远。

2.加强培养自己的创新意识和动手能力,提升克服困难的决心。

3.走出家门,走出课堂,去发现生活,体验生活,思考生活。一旦有了新的想法或设想,都应该积极大胆地尝试。

4.掌握发明创造的思维方法。比如,发散思维法、纵向思维法、逆向思维法、比较思维法等,只要我们善于学习总结,就一定能够轻松掌握并运用它们。

5.培养发明创造的基本素质。比如,具有敏锐的观察力和发现问题、提出问题、解决问题的能力;善于思考,具备创新思维,具备很强的动手操作能力;不轻言放弃;对事物有强烈的好奇心;不受权威束缚,敢想、敢干。

▶ 39. 课前要预习新课

> 预习就是在课前的自学，主要是熟悉要学习的内容。预习能了解这堂课的基本内容、新知识点，需要巩固哪些学过的知识，通过这堂课能延伸学习哪些内容，等等。所以，我们要重视预习，学会预习。

张明上课总是不带课本，只听老师讲课，考试成绩却比认真做笔记的同学要好很多。这让老师和很多同学都感觉非常奇怪。

有一次，老师到张明家家访时才发现了其中的秘密。原来，张明从小就喜欢看哥哥的课本，不知不觉中，他不仅学习了很多知识，而且还养成了主动预习的学习习惯。

张明上学后，不像其他同学那样边看课本边听老师讲课，而是抬着头认真听老师讲课，同时，他会在脑海中浮现出自己已经学过的内容，一堂课下来，他就能基本掌握老师讲的内容。课后再看一下课本，就完全掌握了。所以，他学得很好，每次考试成绩都不错。

预习是我们学习的关键，只有会预习，才能逐渐培养起自己的自学能力，才能进行自我教育。著名教育学家叶圣陶曾说："预习的事项一一做完了，然后上课。上课的活动，教学上的用语，称为'讨论'，预习得对不对，充分不充分，由学生与学生讨论，学生与教师讨论，求得解决。"

预习是一种很好的学习方法

预习是一种十分不错的学习方法，如果我们能够在课前预习好要学习的内容，就能做到心中有数，有效提高课堂学习效率。虽然预习是按照书本内容进行，但主要是通过自学来掌握重点、难点，尝试解决难题，这能有效锻炼我们的思维。有效的预习能够让我们带着问题听课，会特别注意自己不懂的内容，认真听老师讲解，直到弄明白。

关于预习，一位五年级同学这样说："在预习新内容时，有时候不能完全弄懂知识的内在关系。这时，我就把不懂的问题提前勾画出来。当老师讲到那些问题时，我就会听得特别仔细，所以学习起来就会比较轻松。"

预习是对学习内容的初步学习，这个过程中会有正确的见解，也会有错误的见解，有整体认识，也有片面认识。但是，如果能在老师讲解时认真听，发现错误与片面认识并及时纠正，这就能更好地掌握学习内容。

预习也是讲究方法的

一位学习成绩优秀的中学生是这样预习的：每天回家后花 30 分钟快速地复习当天所学的内容，然后再花 30 分钟到 1 小时做当天的作业，最后再花 30 分钟预习第二天的内容。而且，三个环节的程序一定是这样。事实上，他在掌握学习流程后，反而能很好地把握学习的这三个环节，每次都能够保质保量完成。

还有一位同学，原来成绩很不好，突然有了显著的进步。后来，老师在他的总结中找到了答案，他说："30 分钟的预习，改变了我学习被动的局面。"

预习要注意读、思、问、记同时进行，对课本内容能看懂多少算多少，不必深入钻研，但是要用笔作出不同的符号标记，并把没有读懂的问题记录下来，以便能在课堂上有针对性地解决。另外，预习应该在当天的作业都做完后进行，如果时间多，就多预习几门课程；如果时间少，就少预习一些内容。

先预习，再听课

学习本身就是由预习、听课、复习、作业四个环节组成的，预习是第一个环节，缺少了这个环节，就会影响下面几个环节的正常进行。如果你还没有养成预习的好习惯，现在就要抓紧时间培养，一定要做到先预习，再听课。

课前预习，就是要在巩固已经学过的知识的基础上，积极探索新知识，发现疑问，为新一轮的学习做好准备。预习有一个最大的好处，就是能让我们的学习一步紧跟一步，一环套一环。预习会让我们变得积极主动，只有站在主动的位置上，我们才能取得学习上的胜利。

▶ **身体力行**

1. 控制预习的内容。刚开始预习时，内容不要太多，最好选择一两门比较薄弱的科目预习。在有了经验后，如果时间允许，再对其他的课程进行预习。

2. 合理控制预习时间。预习并非时间越长越好，应根据学习计划中可以提供的实际时间来安排，而不能因预习时间过长而挤掉学习其他科目的时间。

3. 合理分配预习时间。应该把预习的重点放在比较薄弱的学科上，对于自己擅长的学科，可以酌情减少预习，这样有利于整体学习水平的提高。

4. 采用合理的预习方法。阅读法：预习开始，首先朗读或默读一遍新内容，了解知识脉络和基本内容，扫清字词障碍，明了基本内容。然后再读一遍，圈点勾画，使预习过的内容重点突出，一目了然；同时思考课文的重点和难点，减轻听课压力。最后把一时无法理解的记录在预习笔记本上，留到听课时认真听讲，直到弄明白。回顾法：在预习时，首先复习巩固已学知识，然后再学习新内容。具体运用哪种方法根据自己的实际情况和学科特点而定。

5. 认真解决预习中不懂的问题。对于自己不太明白的内容，用着重号或自己设定的符号标示出来，在老师讲解时候认真听，直到弄懂为止。

▶ **40. 上课要集中注意力**

注意力是一种非智力因素，但在学习过程中起着非常重要的作用。在学习过程中，第一个要具备的要素就是集中注意力，它是记忆、理解、掌握和运用知识的基础。所以，上课一定要集中注意力。

据中国社会心理学会公布的"首次全国青少年注意力状况"调查活动结果显示，被访学生中自认为上课时能集中注意力的比例为58.8%，刚刚过半，而在自习时间,可以集中注意力者也只有 48.6% 的比例。其中大学生上课时能集中注意力的尚不足一半,比中学生低将近 17%。上课走神现象在大学生中也十分常见。

在具体回答"能坚持多久集中精神地听课"时,结果同样不令人满意。在一节课中能坚持集中注意力 30 分钟以上的仅有 39.7%,大部分只能坚持 15 ~ 30 分钟。而在大学生中,更是仅有 28.8% 的人能在课堂上集中注意力超过 30 分钟。近 80% 的青少年承认在上课时"有时走神"。

导致青少年注意力难以集中有内因也有外因,睡眠不足与疲劳是两大内因。本次调查中,被访者的睡眠时间有 8 ~ 10 个小时的只有 19.4%,而学习时间在 7 ~ 9 个小时的为 41.5%,毕业班中学习时间超过 9 个小时的情况最突出。外因则主要来自外界的干扰及所从事的活动本身。

由此可知,中国青少年的注意力集中状况有待提高。我们可以针对这次调查显示出来的问题,结合自身的问题调整自己的状态。

中国社会心理学会有关专家指出,注意力是智力行为的本质特征之一。提高注意力水平,培养青少年良好的学习习惯,对维护学生身心健康具有不言而喻的重要意义。

要把注意力集中在一个点上

英国著名教育家夏洛特·梅森曾说:"注意力并不是一种官能,相反,我认为它比那些拼合在一起的所谓的各种官能要有价值的多,没有了注意力,所有的天赋和价值都失去了意义。"可见,学习、做事都一定要集中注意力。

注意力是人对一定事物指向和集中的能力,它在各种认识活动中起着主导作用。在学习中,注意力分散是我们普遍存在的一个问题。有很多学习成绩很差的同学,老师给出的评语就是:注意力不集中,上课爱做小动作。毋庸置疑,在学习上能专心致志,集中注意力的同学,大多数都能取得很好的成绩。

如果没有注意力,观察和思维等认识活动也就不能正常进行了。我们只有把有限的注意力放在一个目标上,才能成功。集中自己的注意力,把目标集中在一个点上，这种精神必然会让我们把每一件事完成好。

注意力集中，才能有好成绩

俄国著名教育家乌申斯基说："注意力是我们心灵的天窗。意识中的一切，必然要经过它才能进来。"只有打开注意力这扇窗户，智慧的阳光才能洒满心田。

而如果在学习中不能集中注意力，就只能看到书本上的字，而无法把握文字的内涵；就只能听到老师的声音，而不知道老师讲的内容是什么。这种"左耳进右耳出"的漫无目的的学习，是注定不会有任何收获的。

集中注意力的力量是巨大的，高度的注意力可以保证记忆的持续性，会让客观事物在大脑中反映得更加清晰、完整，记忆得更加深刻、扎实，能够有效提高学习效率。

集中注意力才能让我们获得好的听课效果，取得好的学习成绩。我们一定不要让自己的思想在课堂上开小差，这样才能达到事半功倍的学习效果。

▶ 身体力行

1.克服外界的干扰，培养闹中取静的本领。可以有意识地在嘈杂的环境中读书，如在人员流动性很大的公园里读书，开始可能会有困难，但只要坚持下去，就会取得好的效果。一旦有了这样的本领，就很容易集中注意力学习或做事了。

2.给要完成的事情规定时间。这样可以时时提醒自己，有时间限制，所以不能随便分心去做别的事。比如，做作业时，不要想着电视节目，也不要想着玩游戏。当事情按时完成后，可以适度放松自己。

3.注意休息。人在疲劳时很难集中注意力。所以，要养成好习惯，学习时就要全力以赴，休息时要尽力放松自己。

4.跟上老师讲课的节奏。对于老师讲解的内容，如果遇到没有听懂的地方，要赶紧做个记号，不要在那里冥思苦想，否则就跟不上老师了。

5.给自己创设一个安静的学习环境。房间里不要有太多刺眼的干扰物，物品摆放要整齐有序。如，房间墙壁上除了张贴公式、拼音表格外，不应布置图画或照片等与学习无关的东西；书桌上除了摆放文具和书籍外，不应摆放其他与学习无关的东西。

6. 上课时要做到"五到": 即眼到、耳到、口到、手到、心到。也就是说,上课时,眼睛要盯着黑板仔细看,耳朵认真听讲,嘴巴配合老师回答问题,手要记录重点、难点,要常用心去思考。

▶ 41. 课后要及时复习

> 虽然我们上课听懂了,但如果忽略了复习环节,就会破坏所学知识的系统性和完整性。时间一长,所学的知识自然就会逐渐模糊、忘却、不成系统。所以,我们一定要注意课后及时复习。

有一名学生,刚进大学时,同学们对他的印象并不深刻,只知道他爱玩、爱开玩笑、爱睡觉。每天晚上,当其他同学都在自习室埋头学习时,他总是一个人回宿舍睡觉。

期末考试,他每科考试成绩都名列前茅。很多同学都觉得很奇怪,为什么他睡觉反而能取得好成绩呢?

后来,他回答了同学们的疑问:"我不是在睡觉,而是在回想当天学习过的内容。比如,今天新课主要讲了什么? 哪些已经弄懂了,哪些还没有弄懂? 没有弄懂的明天继续学习。我归纳和总结当天学过的内容后,找出知识间的联系,并用一条主线把它们串起来,这样,就能在想到某一点时,把当天学习的所有内容全部回想起来。"

"此外,我还把当天学习的内容与以前学过的知识联系起来,找出内在联系,也串起来。这样,通过一番回想,就把当天所学的知识都消化了。"

孔子说:"学而时习之,不亦说乎?""温故而知新。"德国哲学家狄慈根说:"重复是学习的母亲。"乌申斯基也说:"应当用不断的复习来防止遗忘,而不是等到遗忘以后再重新去记。"这些至理名言都说明了复习的重要。

多次重复才能牢记知识

在一般情况下，只有经过多次重复才能牢固记住知识。古今中外，很多名人名家都非常重视复习。爱因斯坦记忆力超群，有人请教他记忆的秘诀是什么，他说："说起来也简单，就是重复！重复！再重复！"

的确，复习就好像在大脑里刻印迹，每重复一次就会加深印迹。反之，如果不重复，印迹就会随时间的流逝而模糊、消退。所以说，一个人即使再聪明，如果不复习，他也很难牢固、系统地掌握好知识。

心理学家曾经做过这样的实验：让三组的学生熟记同一篇诗歌，第一组间隔1天复习；第二组间隔3天复习；第三组间隔6天复习，一直达到熟记的统一程度。结果，第一组学生平均需复习4次；第二组平均需要复习6次；第三组平均需要复习7次。可见，复习间隔的时间越短，复习的次数越少。如果复习能做到及时，就可以提高熟记的结果。

是的，及时复习与不复习有巨大的差别。学过的东西，只有不断去复习，才能够牢固地记忆，并能运用自如。对于我们来说，自以为已经掌握了所有的知识，而且自己的记忆力也很好，所以下了课后从不复习。久而久之，那些学过的东西会很容易渐渐淡忘。

只有不断复习，反复思考，才能牢记知识，才能真正把握其实质。我们不应该死记硬背，但却可以在理解的基础上背诵。

温故而知新

复习就是重复学习以前学过的知识，是学习的重要环节，可以使我们巩固、加深和充实学过的知识，使知识更加条理化、系统化。正如孔子所说，"学而时习之"、"温故而知新"。只有复习，才能深入理解和掌握知识，才能提高运用知识的技巧，进而使知识融会贯通，系统化。这样，才能真正让知识变成自己的。

我们所学的知识是一个连续系统，环环相扣。所以，如果不复习前面的知识，也就不能理解和掌握后面知识。温故而知新，不"温故"则不会"知新"，就是这个道理。没有积累就没有提高，积淀得越深厚，提升就越快。我们要学习新的知识体系,没有"温故"是不可想象的。

一个善于复习的人一般能掌握其他人无法学到的知识。所以,从现在开始,重视复习吧,这样我们就能真正掌握知识,并能有效运用知识。

▶ 身体力行

1.合理安排复习时间。复习时间很重要,根据遗忘"先快后慢"规律,应该及时复习。每天放学后,就应该复习当天学的内容;每个周末进行小结性复习,学完一单元就进行单元复习;经常性复习可以及时巩固知识,避免考前突击。复习时间不能过长,反复次数也不要过多,否则会产生厌倦情绪,影响复习效果。

2.复习要分清主次。重视重点和难点问题,兼顾其他问题;同时,注意交叉复习文科和理科,这样,可以有张有弛,提高复习效果。

3.采用恰当的复习方法。具体采取哪一种方法则根据自己的偏好。不同科目应该采用不同的复习方法,针对不同的内容采用不同的方法,如阅读、背诵、做练习及动手操作等。

4.注意运用复习技巧。复习时首先要加强前后知识的联系,把每天所学的知识纳入到已学过的知识体系中。其次,运用一些形象的提纲和图表使复习条理化、系统化。最后,是用回忆法,把所学内容回忆一遍,这样可以检验听课效果,巩固所学的知识;可以单独回忆,也可以和同学互相启发、补充回忆。

5.注重多感官复习。在复习过程中,要采用看、听、记、背、说、写等多种形式复习。比如,一边看、一边读、一边用手比画等,也可以借助磁带、CD学习。这样可以在复习中获得乐趣,提高复习兴趣和效率。

6.保持良好的状态。在复习时,千万不要给自己施加压力,以免心理压力太大而影响复习效果。

7.周末、假期不忘复习。除了完成作业外,在周末、假期也要适当复习,以防止知识遗忘。所以,不要在周末、假期让自己过度放松。

▶ 42. 按时完成每一科作业

我们一定要认真对待作业，按时完成作业，不能拖拉，更不能不做。否则，就不会掌握知识，就会影响我们的课堂学习效果。做一个按时完成每一科作业的好学生，这样才能让自己的学业天天进步。

妈妈在厨房喊道："诚诚，你的作业做完了吗？"

"做完了！"诚诚大声回答说。其实，他的作业只写了一半，现在正在玩电子游戏呢！

第二天到学校后，他才突然想起来，老师今天要检查作业。怎么办？赶紧拿同学的作业本来抄，很快他就抄完了。

不过，这天有些特别，老师并没有急着把作业都收上去，而是随便抽查了几个同学的作业，然后针对作业进行提问。这下，诚诚可吓坏了，他的作业是抄的，怎么能回答上来呢？

结果，老师竟然没有抽查到他。但经过这次惊吓，诚诚想："我以后一定要认真完成作业，不能再抄作业应付老师了。"从那以后，诚诚果然每天都能按时完成每一科的作业。

想一下：在家里，自己是不是很不情愿拿出作业本来写作业？是不是一直让笔在手中打转呀？是不是好半天都过去了还一个字没写呀？是不是一边吃东西一边写作业，或是一边写作业一边看电视呀？……这都是不认真对待作业的表现，如果老是这样，又怎么能按时完成作业呢？

不能按时完成作业的原因

不能按时完成作业，有这样几个原因：

一是作业题不会做。因为不会，又不愿意去问老师同学，所以只能拖延。为什么不会做呢？是因为上课没有认真听课。二是写字的速度太慢。看一个字写一个字,就会大大延长写作业的时间,应该看一整句再写。三是写作业时不专心。心思不定,写一会儿就东瞧西看,看看几点钟,想着写完后要玩什么好东西,等等,这样就浪费了很多时间。四是性子比较慢,爱拖拉,不管父母老师怎么着急,他就是不着急,该怎么慢就怎么慢。

我们了解了这些原因,就应该对症下药,让自己尽快改掉这些坏毛病。

完成作业对我们非常重要

作业是对课堂学习内容的巩固,如果我们不做作业或没有全部做完,就达不到课后复习巩固的预期效果,老师也不能及时得到反馈信息。一次这样,就会影响一堂课的学习效果;每次都这样,就会影响一本书的学习效果;日积月累,长此以往,就会影响到整个学期、整个学年的学习成绩。学习成绩不好,也会对我们在其他方面的成长有不良的影响。

完不成作业,就会让父母、老师操心。父母为了我们辛苦忙碌,我们怎么忍心让他们为我们的作业操心呢?我们应该时时这样想:现在,我对父母最好的孝敬就是认真完成作业。这样,当看到外面有小伙伴在玩耍时,就能管好自己,就能克制住自己了。一定要养成按时完成每一科作业的好习惯。

认真做好每一科的作业

随着课业的加重,每一科都会有作业,不要看到有好几种作业需要完成就心烦意乱,也不要看到其他同学在玩就让心变得浮躁,甚至把作业丢在一边而去玩,这些都是不对的。

无论作业有多少,无论外面的环境怎样,都应该让自己的心平静下来,认真对待,给这些作业排排队,先做哪科,再做哪科,一科一科完成,千万不可草率应付。写作业不是应付老师,也不是应付父母,而是让我们的知识得到沉淀,是为了让自己的未来人生更加精彩。

当我们在作业中遇到难题时,不要对自己失去信心,要勤于思考,实在不会就去问老师或同学,千万不要不懂装懂,那样只会因为虚荣心而害了自己。

作业是对课堂学习的巩固,如果我们每次作业都认真完成,学习成绩一定会很快提高。作业是一项重要的学习习惯,如果你想成为一个出色的人,就从认真完成作业开始做起吧!

▶ **身体力行**

1.重视课堂学习。在课堂上认真听老师讲课,对知识要加深理解,增强记忆。不懂的问题要问老师或同学,不留在以后解决。

2.端正学习态度。要认识到不完成作业的害处,改正三心二意、不认真的毛病,如果还没有写完作业,就是有再好的电视节目都不要看,一定要学会克制自己。

3.注意写作业的细节。写作业前,课桌要干净,双手要清洁;写作业时,要读懂题意,边做边想,细心做题,书写工整,专心致志,要按时完成;写完作业后,要仔细检查,及时订正错误,保持作业本的整洁,不在作业本上乱涂乱画,修改时也要尽量涂改得整洁。

4.认真分析老师批改后的作业。对老师指出来的错字、错题要认真反思,避免以后再次发生类似的错误。时常翻看自己的作业本,也是对知识的一种复习方法。

▶ 43. 准备一个错题本

在学习过程中,我们可能经常会把题目解答错,这会直接影响我们的考试成绩。所以,我们一定要认真对待错题,善于总结一些对付错题的小秘诀。其实,整理一个或几个错题本对改正错误是非常有效的。

小赵是一位学习成绩非常优秀的学生,她有一个学习秘诀,那就是不放过任何一道错题。小赵有一个全班同学皆知的习惯,那就是每门学科都准备了一个错题本,就连老师都十分佩服她对待错题的认真态度。

在上小学的时候,小赵就已经养成了纠正错题的习惯。每当考试或做作业出现错题时,她会一丝不苟地把它们记录在笔记本上,课后细细地揣摩。在高三总复习时,小赵把从高一积攒下来的错题仔细地回顾了一遍,受益匪浅。

后来，小赵以优异的考入香港理工大学。实际上，她优异的成绩与那些错题本有很大的关系。

准备错题本的目的是要把在学习过程中自己做过的作业、练习题、试卷中的各种错题整理成册，从而让自己找出学习中的薄弱环节，使学习能够重点突出、更加有针对性，进而提高学习效率，提高学习成绩。

学会正确使用错题本

那么，我们应该怎样正确使用错题本呢？

首先，要经常翻阅错题本。之所以出错，大多是因为没有扎实地掌握知识点，所以要经常浏览复习错题本。

其次，与同学相互交换错题本，互相借鉴、启发，在错题中"淘宝"，共同提高。

再次，在错题本上完善几个功能，让错误变得更清晰，如标出"审题错误"、"概念错误"、"理解错误"、"思路错误"等原因。

最后，使用错题本贵在坚持，持之以恒才能见效。

高考状元的"秘密武器"

一位曾经采访过很多高考状元的记者说："那些高考状元显然比一般学生更有效率：他们几乎无一例外地备有一个错题本。把错题攻下，同类题目就不会再做错；与此同时，很多学生都在日日夜夜、孜孜不倦地做着一套套题，可能每套卷子中做错的都是同一题型，却一直懵懵懂懂，未能将问题集中地解决。"所以说，一个错题本的作用胜过盲目地做很多试题。

错题本是自身错误的系统汇总。当把错误汇总在一起候，就会很容易看出其中的规律性。错题本能改变我们对错误的态度，对待错题的态度是减少错题的关键。错题是宝，因为错误才能使我们知道自己的不足，而不能因为错题少或错误原因简单而忽视它。

一个错误就是一个盲点

一个错误实际上就是一个盲点。如果对待错误的态度不积极、不认真、不重视,错误会在任何可能发生的时候发生,而且会经常地重复发生。所以,我们一定要善待错题。

如果准备一个错题本,就把错题整理到这个本子上,日积月累,并且经常拿出来复习,这样就能有效防止同样的错误再犯第二次。一旦明白了这些,我们还会在同一个地方栽两个跟头吗?

▶ 身体力行

1. 注意汲取教训,避免重犯。题目做错时,要分析其中的主要原因是什么,是否错用了相关定理,是否错用了解题方法,是否粗心大意?

2. 举一反三,融会贯通。做完一题后,尽可能与做过的类似题目作比较,找出它们的共同点与不同点。

3. 重做错题。把错误的题目再重做几遍,以加深印象与记忆。

4. 专门整理一个或几个错题本。把错误的题目写上去,并记上正确的答案和解题方法,而且要出一道类似的题并进行解答。在以后的学习过程中随时翻看,这样就会把这些错误的题目记在心里,确保日后不再犯错。

▶ 44. 掌握一些考试技巧

在考试前,有的同学会过度紧张。这些同学要学会给自己减压,不要老想考得好不好会给自己带来怎样的后果。其实,只要足够勤奋和努力,再掌握一些基本的考试技巧,我们就不用为考试担忧了。

你听过下面的心声吗?

"我一遇到考试就紧张,总是想如果考不好该怎么办。我努力让自己不去想考试的结果,但好像没有多大用。有什么办法让我不害怕吗?"

"马上就要中考了,我感到很紧张、焦虑,学习成绩也有下降的趋势,注意力常常难以集中。我是不是得了考试综合征,怎样才能调整过来呢?"

"我复习的也挺好呀,可为什么一到考试时就发挥不好呢?"

"我真是害怕考试了,简直跟过关似的,一提考试我就浑身发抖!"

"我多么想掌握一些考试技巧呀,这样就能考个好成绩了!"

……

以上这些同学的表白,都或轻或重地表现出了害怕考试的心理问题,这是会影响我们一生的。因为我们在今后的人生路上,会经历不计其数的大大小小的各种考试。如果没有一个健康的心态面对考试,将会直接影响着我们现在的学习以及未来的人生发展。培养正确面对考试的习惯,是我们必须做的重要事情。

千万不要"开夜车"

有很多同学平时看电视、玩游戏,到处去玩儿,把应该当天复习的功课一拖再拖,作业也是丢三落四。到快考试时,他们就很着急了,到处借笔记,害怕时间不够,于是晚上"开夜车",白天上课又无精打采,听课效果很差。结果上了考场,看着考卷,大脑里一片空白,考试成绩自然会一塌糊涂。

轻松考个好成绩

其实,如果我们每天都认真完成学习计划,到考试时,该掌握的东西已经十分熟悉了,只要稍微再复习一下,就可以轻轻松松地考出一个好成绩。所以,如果平时多努力学习,考试时就不用临时抱佛脚了。

提高自己的应试能力

还有,为什么有的同学平时学得很好,但到考试时,总是出人意料地发挥不出正常的水平呢? 为什么有些同学总在考试时候情绪紧张,或者生病? 有的同学在考试时总觉得时间不够,不能够在限定的时间内完成,白白丢失分数……

一般来说,考试不仅是在考同学们对知识的掌握程度,还考验同学们应对考试的能力。所以我们在平时努力学习的同时,还应该掌握一些基本的考试技巧,这样就不用太担心考试的问题了。

▶ **身体力行**

1. 制订切实可行的复习计划，有效复习。拟订一份切实可行的复习计划，一方面夯实基础，另一方面应查缺补漏。不要在临考试时才专攻难题，这样既浪费时间，又影响情绪，甚至会打击自信心。重点进行基础训练，每天坚持做基础题，目的就是确保在考试时把基础题做得又准又快。此外，对自己的弱项做一些有针对性的练习，多做一些以前做错的题，举一反三。

2. 避免考前"开夜车"。考前充分的休息有助于考试的发挥，如果考前"开夜车"，表面上看好像争取了时间，但由于过度疲劳，到考试时就会精神不振。所以，千万不要搞疲劳战术。可以在上午8:00～11:00、下午14:00～17:00这两个时间段做与考试科目、题型相类似的练习。

3. 缓解压力。要努力把压力控制在一个范围内。

4. 拿到考卷后，应通读试卷，做到心中有数。如果是大型考试，应该先检查试题的科目名称、页码顺序、版面是否清晰完整，注意听监考老师提出的要求。

5. 遵循先易后难、先小后大、先熟后生的答题原则。这样可以避免花过多的时间解答难题，到最后反而没有时间做有把握的题目，有利于消除紧张。先做容易题目能使大脑很快进入状态，稳定心情并增强信心。

6. 合理安排答题时间。分配答题时间的基本原则是在能得分的地方绝对不要丢分，不易得分的地方尽量争取得分。

7. 尽量让自己的书写齐、准、快。齐，指卷面要整齐清洁，书写格式要按照规定，四周要留下适当空间，避免在试卷空白处随意书写，更不要写在装订线以外。字迹要端正、整齐，大小一致，千万不能潦草。准，指书写的内容要准，尽力做到第一遍就做好，不要做太多修改，更不要大范围涂改。快，就是不要有半点慢条斯理，写字速度要快。

8. 最后检查答案时应转换一下思路，采取不同的方法。很多同学检查了好几遍也没能发现错误，就是因为一直使用同样的方法检查。

9. 注意一些细节。考试前的晚上睡个好觉，考试当天确保早点到达考场，不要饿着肚子进考场；认真仔细地先填好自己的班级、姓名，多审几遍题目，千万不要匆忙下笔，注意检查有没有遗漏的小题，看到有同学开始交卷时不必惊慌，应沉着冷静……

▶ 45. 学会让大脑休息

大脑是人高级神经活动的中枢，是思想的器官。大脑就像一台机器，要是不工作，时间久了就会锈蚀；要是只工作而不保养，时间久了也会由于磨损过度而报废。所以，要懂得科学用脑，学会让大脑休息。

林语堂是著名学者，他工作时十分严肃。每当他在书房写作时，都会把门关上，不允许任何人打扰。有时因为需要，他会争分夺秒地进行创作。

但他在工作之余，也将一些时间投入到诸如旅行、逛旧书市场，以及养花等活动中。他非常推崇清朝诗人张潮的一段话："花不可以无蝶，山不可以无泉，石不可以无苔，水不可以无藻，人不可以无癖。"

林语堂常说："一个人不会放松是可悲的，一个人不舍得放松也是可悲的。"

珍惜时间是每个人最重要的习惯和态度，但是，如果把适当的休息和放松也当做一种奢侈，就会因为过度操劳把身体搞垮，悔之晚矣。

巴尔扎克的悲剧

法国著名作家巴尔扎克在 20 年的写作生涯中，写出了 90 多部作品，塑造了 2000 多个不同类型的人物形象，他的很多作品在全世界广为流传，成了世界名著。他从半夜到中午在圆椅里坐 12 个小时，努力修改和创作，然后从中午到下午 16:00 校对校样，17:00 用餐，然后办理出版事务，晚上 20:00 才睡觉，而到午夜 0:00 又起床工作。

这样的生活让巴尔扎克直到头昏眼花、腰酸背痛才充满惋惜地搁笔休息。可惜的是，巴尔扎克的躯体早于灵魂先一步衰竭，在他人生正当年 51 岁的时候离开人世，留下很多未完成的作品，也留下了全人类的遗憾。

可见，并不是一味地把生活用忙碌填满才说明一个人是成功的，还要看自己的付出是不是过多地消耗了精力和体力，是否让自己大脑超负荷运转了。

学习疲劳的表现

学习疲劳是我们身上比较普遍的现象，其表现是：大脑反应迟钝，头麻木或者疼痛，注意力分散，思维滞缓，情绪沮丧或烦躁，对什么都不感兴趣。学习疲劳有两种：暂时性学习疲劳和慢性学习疲劳。暂时性学习疲劳通过休息、睡眠可以消除；慢性学习疲劳消除需要花较大力气，及时采取措施。

科学用脑，劳逸结合

克服学习疲劳，需要我们提高对学习规律，特别是用脑卫生的认识，并注意学习有关道理，明白科学用脑的常识，采取可行措施。如果已经形成慢性学习疲劳，解决的态度要积极，但不能急于求成。

科学用脑是一个完整的系统工程。有计划、有规律的作息时间对科学用脑至关重要。如果进行单一的学习时间过长，大脑的兴奋度必然降低，出现疲劳感要自动休息，如果还拼命去钻研，就会越钻研越糊涂，越钻研越不通，会事与愿违，适得其反。

不无故地浪费时间，也不要为追求时间的紧凑而忘记让大脑休息。要知道，大脑疲劳不仅不能开发大脑，而且还会严重影响到我们智力潜能的正常开发。另外，疲劳过度，还会导致心脑血管疾病及精神疾病，会严重损害身心健康。所以，我们一定要养成科学用脑的好习惯。

▶ 身体力行

1. 劳逸结合，有张有弛。学习时，注意把文理科的课程交替一下，这样能让大脑皮层中的兴奋剂从一个区域转到另一个区域，使得大脑皮层的神经系统不但不会疲劳，反而会促进各科的学习。

2. 早起后和晚睡前，适合背诵课文或公式。早晨起床后，经过一夜休息，大脑活动力很强，记忆力最好，适合记忆；临睡时，因为知识信息进入大脑后就入睡，也有助于知识的条理化。

3. 保证睡眠。充足的睡眠会消除大脑皮层神经细胞因长时间学习产生的疲劳感,恢复脑力。所以,不要"开夜车"。有条件的话,中午可以小睡,让脑细胞得到休息,从而有充沛精力投入下午的学习。

4. 积极参加体育锻炼和文娱活动,保持良好的情绪。这对大脑来说是一种积极的休息,能调节大脑继续有效地工作。如快步走、慢跑、深呼吸、做几节体操、扩胸运动等,或者听一支曲子、唱两首歌、朗诵一首诗歌等。

5. 不要一次学习时间过长,超过脑力限度。

6. 注意脑营养。高蛋白、维生素、充足的氧气不可缺少。为了保证脑功能,还应该从饮食结构上给予补助,以增加脑的能量,注意一定要吃早餐。

7. 给自己空间和时间,把自己从"三点一线"的小环境中释放出来,尽可能多接触社会、认识社会和适应社会。

46. 学会独立思考

一次深思熟虑,胜过百次的草率行动;一天的周密思考,胜过百日的徒劳;一个善于思考的人,一定是个智圆行方的人。对我们来说,好的成绩与良好的思考习惯有很大的关系。所以,我们要学会独立思考。

一位记者曾经问微软公司的创始人比尔·盖茨:"您成为当今全美的首富,个人资产高达550亿美元,您成功的主要经验是什么?"

比尔·盖茨十分明确地回答道:"一是勤奋工作,二是独立思考。"

人类社会一切伟大的成就都是经过反复思考、探索、实践而实现的。古今中外凡是有能力取得重大成就的人,都经过了一番艰苦的思考。苏联教育家苏霍姆林斯基说:"思考会变成一种激发智力的刺激。"天才之所以能够成为天才,正是由于他们善于思考。

思考是学习的灵魂

即使我们知道了大量的理论知识，甚至都能倒背如流，但是，如果没有用大脑去思考它深一层次的含义，没有从思想深处认识到它的内涵，那又有什么用呢？

博览群书虽然难得，但是如果不开动脑筋思考，就如同人吃饭一样，只贪图腹欲，就不会品出其中的滋味。孔子说："学而不思则罔，思而不学则殆。"苏轼说："旧书不厌百回读，熟读深思子自知。"朱熹说："读书之法无他，惟是笃志虚心，反复详玩，为有功耳。"可见，认真思考是读书学习的重要环节。一如古人所说："读书不知味，不如束高阁。"追求数量不加思考的读书方式是不可取的。

《孟子》曰："心之官则思，思则得之，不思则不得也。"也是强调思考对于学习知识的重要性的。强调只有"有思"，才会"有得"，缺少思考那就一无所获了。

养成独立思考的习惯

爱因斯坦从小就养成了独立思考的习惯。他经常独自冥思苦想，有时还会废寝忘食。正是由于他独立思考，善于学习，才成功地提出了"狭义相对论"，后来又提出了"广义相对论"，成为科学巨匠。对此，他这样说："学习知识要善于思考、思考、再思考，我就是靠这个学习方法成为科学家的。"

一个人想要成功，就应该善于思索，并具备独立思考的能力。仔细研究周围的成功人士，就会发现，他们无一不是善于独立思考的人，他们是我们学习的榜样。

善于思考才会学习

诺贝尔物理学奖获得者杨振宁曾指出，优秀的学生在于有优秀的思维方式。一个人智力水平的高低，主要通过思维能力反映出来。

有一位教育家这样说："教育就是教人去思维。"培养我们广阔、灵活、敏捷的思维能力，对开拓智慧极为重要。我们善于思考，肯定也会学习，一旦学会思考，学习成绩的提高也是自然而然的事了。

独立思考是思维独立的标志

人的大脑是一座掘之不尽的能力宝库，但是如果没有思考能力，宝库的大门也不会自己敞开。只有拥有独立思考的能力,学习和生活的本领才能提高,这是不争的事实。所以,我们要培养独立思考的能力,学会思考,不做思想懒汉。

思考只会让我们更睿智,更加合理地安排生活。对我们来说,独立思考是思维独立的标志,意味着自己已经可以运用智慧来分析问题,解决问题。

对我们来说,现阶段是以学习为主体,就要以积极主动的态度对待学习,在学习时善于开动脑筋思考问题。现在很多同学学习时懒得思考,遇到问题总希望别人给自己解出答案。还有很多同学只是满足于老师怎么讲就怎么做,而不能对所学的知识多问几个"为什么"。

我们一定要学会思考问题,要有意识地培养自己爱思考的好习惯,遇到问题试着自己去解答。一个勤于思考的人必定会成为一个优秀的人,成功无处不在,只是更青睐于善于思考的人。努力让思考成为我们的习惯吧!

▶ **身体力行**

1. 端正思考态度。勤于思考,思维才会更加缜密。

2. 随时随地思考。无论是读书,还是看电影,都应该开动大脑思考。

3. 独立解决问题。在学习中遇到问题时,学会分析、归纳以及需要设想解决的方法与程序,从而独立设计解决方案。

4. 丰富知识与经验,促使自己产生广泛的联想,从而拓展思维领域。

5. 培养推理能力。推理能力是思考能力中比较重要的一个方面,要在平时注意理解一些概念性的事物,也可以多做一些有意思的推理题目。

6. 克服思考的习惯模式。学会全面考虑事物的优缺点,不要局限于自身的眼光;明确思考的目标、任务和真实目的等。

7. 开阔思路,尝试新途径。当百思不得其解时,就要在惯常的思路之外寻找可能性。允许思路自由驰骋,并先接受它所触及的一切,然后再靠正确的感觉和判断力进行筛选。

8. 掌握一些思考方法,如归纳法、类比法、分类法、概括法等。

47. 多问一些"为什么"

> 提出一个问题往往比解决一个问题更重要，因为解决问题也许仅是一个实验上的技能而已，而提出新问题却需要有创造性的想象力。

把一杯冷牛奶和一杯热牛奶同时放入冰箱冷冻室，哪一杯水先结冻？相信很多人会毫不犹豫地回答：当然是冷牛奶先结冻。其实，答案恰恰相反。

1963年的一天，坦桑尼亚马干巴中学初三年级学生姆佩姆巴发现，自己放在电冰箱冷冻室里的热牛奶，竟然比其他同学早放的冷牛奶先结冻。

这令姆佩姆巴大惑不解，为什么热牛奶竟然先结冻呢？他立刻跑去请教物理老师，老师听后，断然否定，说一定是姆佩姆巴搞错了。姆佩姆巴再做试验，结果与上次完全一致。

不久，达累斯萨拉姆大学物理系主任来到马干巴中学。姆佩姆巴向他提出了自己的疑问。随后，世界上多家媒体把这个物理现象称为"姆佩姆巴效应"。

"姆佩姆巴效应"是一个偶然现象，还是一个必然现象？它的原因到底是什么？科学界就这一问题展开了激烈讨论。直到现在，人们还在积极寻找"姆佩姆巴效应"的原因。

姆佩姆巴以孜孜以求的探索精神，对这个令他不解的现象提出了"为什么"，他通过反复试验，弄清了事物的本质，得出了极有价值的科学发现。试想，如果他没有提出"为什么"，轻易放过了这个现象，一个极具价值的科学发现就会与他擦肩而过。

"为什么"是打开知识大门的钥匙

爱因斯坦曾深有体会地说："我没有什么特殊的才能，不过喜欢寻根刨底地追问罢了。"所以说，"为什么"是打开知识大门的钥匙。提出了正确的问题，往往等于解决了问题的大半。

美籍华裔诺贝尔物理奖获得者李政道认为,"学问"这两个字中,第一个字是"学",第二个字是"问",意思就是一个人要学着怎样去问问题,这才是真正的学问。

一次,他在与师生谈话时说:"同学们在一些观念问题上有没有提出疑问?比如对牛顿力学会不会问:我为什么要学习它?为什么它不可能是不对呢?……你老师讲牛顿力学,为什么是对的呢?根据是什么?这样年纪还没有这样的态度,将来就做不了第一流工作。"

大胆地多问几个"为什么"

明朝著名学者陈献章曾说:"学贵有疑,学源于思,思源于疑。小疑则小进,大疑则大进。""思"是学习的重要方法,"疑"是启迪思维的钥匙。学必有疑,有疑必有所思。宋朝教育家朱熹也说过:"读书无疑者须教有疑,有疑者却要无疑,至此方可长进。"可见,先有疑问,才能产生自主学习和主动探究的内驱力。

所以在学习中,我们一定要大胆地多问几个"为什么",只有善于提出"为什么",我们才能掌握自主学习、探究学习的方法,才能进一步培养学习认知的能力。不要害怕老师或同学笑话,只要勇敢地迈出这一步,我们一定会收获很多。

在我们问问题时,不要拘泥于问老师,也可以问同学、问父母,甚至可以查字典、百科全书等。如果我们还找不到答案,千万不要轻易放弃这个难得的机会,说不定在我们深入钻研的同时,还能钻研出科学发现呢!

从现在开始,我们就做一个爱问"为什么"的孩子吧,不要一遇到难题就沉思不语,企图蒙混过关,一定要多问几个"为什么"!

▶ 身体力行

1. 善于发现"为什么"。比如,为什么星星、月亮挂在天空掉不下来?为什么地球转动时人掉不下去?你的"为什么"多了,思维就会变得很活跃。

2. 不迷信专家权威,不盲目相信书本,对事物存有怀疑精神。

3. 敢于提出各种问题,甚至包括一些当前看来近乎"荒唐"的问题。大胆提出问题,这是我们自主学习与主动探求知识的生动表现。只有敢于问"为什么"、

"是什么"、"该怎么办"时，思维才是主动的，才能真正深入思考。

4. 在学习中培养问题意识。一个优秀的学习者，一定是个有强烈问题意识的人，他一定能发现那些有价值和有意义的问题，然后经过持之以恒的努力，总能得出自己的结论。培养问题意识不能一蹴而就，需要持续的努力和专注精神。

5. 掌握提出"为什么"的时机。可以在预习过程中提出，可以在老师讲课过程中提出，也可以在课后复习过程中提出，可以针对文章的题目、文中的关键词和语句、文章的重点难点、文章的文体特点和结构特征等提出"为什么"。

6. 经常向老师提问。遇到不懂的问题，不要装懂，也不要羞于开口，一定要大胆提问，善于提问，这样才能真正解决我们学习中的问题。

▶ 48. 会使用工具书和参考书

在学习中难免会遇到很多难题，这时一本工具书就显得非常重要，当然，紧跟课程进度的参考书也很有必要阅读一下。所以，我们应该学会有效使用工具书和参考书，让它们成为我们学习的好帮手。

张萌的智力并非超常，她平时用在学习上的时间和其他同学也差不多。不过，不论是小测试，还是期中、期末考试，她的成绩都是班级前几名。那么，她有什么学习的秘诀吗？

在同学们的追问下，她这样说："其实，我的学习方法跟你们差不多。只不过，我在学习过程中，会经常翻阅一些工具书，这能解决很多难点问题。比如，在发现某个学过的单词在某个句子讲不通时，我就会查英文词典，就常常会发现这个单词还有过去我不知道的意义和用法。另外，在认真掌握课本知识的基础上，我也会买几本参考书，每门课程有一两本足够了，然后随着学习的进度，精细阅读就是了。"

书籍浩如烟海，知识无穷无尽。在读书时，免不了会碰上难题。为解决这些难题,只能借助工具书。工具书是比较完备地汇集某方面的资料,按照特定的方法编排,以供检索文献线索、解疑释难时参考的图书。

工具书是无声的老师

工具书是专供查检的一种书籍,是无声的老师。学习离不开它,它能迅速解答我们的疑难问题,大大提高学习效率。遇到不认识的字,或不懂的词语、典故,或不知道的人名、地名、事件等,都可以通过查工具书来弄明白。

利用好身边的辅助工具

这里所说的辅助工具,是指一些与所读书籍相匹配的工具书,包括字典、词典等。字典、词典是最常用和通用的工具书。字典只收单字,主要任务是解释汉字的形(写法)、音(读法)、义(涵义)。词典一般兼收单字和复词,重点在解释词语。如果需要查找古今汉语的字、词,可参考《新华字典》、《汉语成语小词典》、《现代汉语词典》等。每种字典、词典都有其特定功用,当我们需要查找不同疑难问题时,可有选择地利用。比如,在阅读中遇到了不理解的关键字词,特别是对小学生来说,词汇量还不是特别丰富,这时如果手边有一本合适的词典,对于阅读就无异于雪中送炭。

另外还指一些特别形式的工具,比如笺注、索引和各种书目等,还有一些与我们大有关系的《十万个为什么》、《中国大百科全书》等科学书籍。比如,百科全书类的书是人类知识的总汇,知识门类齐全,使用时,要注意从书中的序言或说明中了解具体的查找方法,以便用最快的速度查找到所需的条目。

工具书和参考书也应该选择

但是,我们要注意一点,工具书和参考书也应该选择,因为现在市面上的这类书非常多,有很多是我们不需要的,或是超过我们目前所能使用到的范围。所以,我们应该选择那些对我们当前的学习最有帮助的参考书和工具书。

比如,英语工具书,并不是越厚越好,也并不需要英汉、汉英、专业性辞典一齐都买来参考。对此,有的同学说:"这些工具书谈不上好用,但看到别的同学都堆在桌上，自己放上一本心里就踏实。"实际上，我们完全没有必要这样做。

最好少用电子词典

很多同学嫌英语辞典太厚重，就以电子词典全面替代工具书，遇到生词一查解决问题。其实，利用电子词典就失去了查阅工具书的真正作用。我们需要在平时经常翻阅工具书，而不仅仅是遇到不会的生词查一下，然后把中文意思抄在生词旁便"大功告成"，殊不知，这样使用工具书，会让工具书的效用大打折扣。

要提升工具书的效用

在学习新课前，我们要借助工具书预习，对课文中生词、语法、固定用法等要进行整理。在利用工具书时，决不能只看生词的中文意思，还要关注其词性、多意、用法以及例句。这样坚持学习，工具书的效用会大为提升。

▶ 身体力行

1. 借助工具书来解决疑难。如当遇到一些难以理解的生字、词时，应找来工具书查阅，然后根据具体情况予以取舍。

2. 掌握使用工具书的基本方法。如查字典，应该先认真阅读"前言"、"说明"、"凡例"、"目录"，学会音序查字法、部首查字法、数笔画查字法等。

3. 购买《新华字典》和《现代汉语词典》。这两部书非常规范、权威，有利于我们自学能力的培养，利于独立思考能力的培养。

4. 不要选太专业的辞典。这些辞典的释义是精确的英文解释，在查生词时往往需要另外再查三四个生词，这样会影响学习兴趣。

5. 在参考书上勾勒重点、难点。要学会用符号在书上作标记，这样，在下次复习时，就能对重点、难点一目了然，会节省很多时间。

6. 做辅助性笔记。看参考书时，应该把要点一一摘录下来，以加强印象，帮助记忆。如果只是浏览工具书，在头脑中是不会留下深刻印象的。

49. 多读一些好书

读好书足以怡情、足以博采,足以长才。读书是获取知识的主要渠道,一个人知识的积累和思维的发展很大一部分需要通过读书来完成。通过读好书,我们会变得成熟,会获得人生的真实智慧。

古今中外,凡是有成就的人,几乎都是热爱阅读的人。

闻一多先生是著名学者,他读书成瘾,竟然一看就"醉"。他结婚那天,亲朋好友一早就都来登门贺喜了,但直到迎亲的花轿快到家时,人们却找不到新郎了。不得已,大家到处寻找,最后竟在书房里找到了他。他手里捧着一本书入了迷,仍穿着旧衣袍。难怪别人都说他不能看书,一看就要"醉"。

鲁迅先生从小酷爱读书。少年时,曾在江南水师学堂学习。第一学期,他因成绩优异,学校奖给他一枚金质奖章。他立即拿到南京鼓楼街头卖掉,然后买了几本书,又买了一串红辣椒。每当晚上寒冷难忍时,他就摘下一只红辣椒,放在嘴里嚼着,辣得额头直冒汗。他就用这种办法驱寒,坚持阅读。

凡是有成就的人都把阅读作为提高自己水平的主要渠道。正如苏联文学家高尔基所说:"当书本给我讲到闻所未闻,见所未见的人物、感情、思想和态度时,似乎是每一本书都在我面前打开了一扇窗户,让我看到一个不可思议的世界。"

读好书能够涤荡心灵

读书能够荡涤心中浮躁的尘埃污秽,过滤出沁人心脾的灵新之气,还可以营造出一种超凡脱俗的娴静氛围。多读好书可以让人的身心更加舒畅,因为每本书都会带给人不同的启示。

一项调查发现,有着浓厚读书兴趣的人,他的心胸一般比较开阔,并能正确理解生活，也能增强生活的信心，更加珍惜生活。经常与书为友的人，思维都很流畅，很少因为生活中的困难而造成心理症结，不会引起精神上的忧郁。

读书还是我们学习认知不可或缺的重要能力之一。所以，我们要在读书中不断磨练意志，让心灵渐渐充实成熟。

读书与提高成绩密切相关

从现阶段来看，读书与提高我们的成绩有密切的关系。如果想提高写作能力、判断力、想象力、理解力等，多读好书是最好的办法。

苏联教育家苏霍姆林斯基对读书特别推崇，他说："阅读应当成为吸引学生爱好的最重要的发源地。学校应当成为书籍的王国。学生的第一个爱好就应当是读书。这种爱好应当终生保持下去。"

读书一定要有选择

对于究竟要读什么样的书，则需要慎重选择。《弟子规》说："非圣书，屏勿视，蔽聪明，坏心志。"读书就像交朋友，也要有选择，不好的书一律不读，因为那些书会破坏我们的心志，遮蔽我们的聪明智慧，会给我们带来苦恼，甚至是灾难。因为坏书能够毁掉一个人。

读一本好书就像是在与有学问的人促膝长谈，它的思想会对我们产生积极的影响。阅读好书，我们可以从中得到许多人生启示和大智慧，可以从中体验到无法直接经历的东西。一本好书就像一位仁爱的师长，会激励着我们奋发向上，可以帮助我们走向成功。

那么，什么样的书才是好书呢？判断好书的标准有以下几条：

第一，思想内容健康向上，这样的书会在无声无息中净化我们的灵魂。第二，能修身养性。古人讲"修身、齐家、治国、平天下"，这是一个人发展的必然顺序，修身是本。像我国传统文化经典，如《弟子规》、《三字经》、《大学》、《中庸》、《论语》、《孟子》就是这类书，还有《颜氏家训》、《朱子治家格言》、《曾国藩家书》、《傅雷家书》等等。书中蕴涵的哲理，小到修身养性，大到治国平天下，无所不包，都是我们修身养性必读之书，这些书能够指导我们的人生，能在生活中落实。第三，知识含量高。多读大师的经典著作，就能吸收他们的智慧和力量，更快地提高自己思想素质和能力。

可见，读书也需要选择，不论好坏、照单全收的读书态度不可取。只有读好书，才能充实我们的心灵，才能让我们的人生更加精彩！

做一个爱读好书的人

我们要做一个爱读好书的人，一个喜欢读书的人能够感觉到读书时妙不可言的乐趣，也能够从书中获得巨大的力量。林肯就是在少年时，看到了华盛顿和亨利·克雷的传记，从此立下宏伟志向，最后成为美国历史上最受人尊敬的总统。一个喜欢读书的人，即使最终不能成为伟大的人，也会成为很有学问的人，成为一个明理有德的人。所以，我们要培养读好书的习惯。

▶ 身体力行

1. 带着问题阅读，有目的地阅读。在阅读中，一定要一直提问自己类似问题：我能明白这篇文章的大概意思吗？这段话真正的含义是什么？哪些论据或是意见值得我考虑？作者是怎样知道这些论据的？……同时，在对自己提问题时，还要快速阅读相关材料。

2. 制订阅读计划。阅读计划一定要明确阅读时间、阅读内容以及阅读目标；要有可行性，时间安排要合理，阅读量要适宜；还要有连贯性，不能时断时续，不能今天读了明天不读，阅读的内容也要具有连贯性。当然，制订计划还不是最重要的，最重要的是严格执行阅读计划。

3. 做阅读笔记。笔记对于阅读有着重要的作用，这样可以在有限的时间和有限的书本中学到更多的东西。

4. 边阅读边思考。只有反复研读、认真思考，才能把知识变为自己的。

5. 坚持每天阅读。要想让阅读真正起到应有的重要作用，需要时间投入和量的积累，而要做到这一点，唯一的办法就是坚持。

6. 掌握一些阅读方法。阅读的方法有很多，如泛读、精读、通读、跳读、速读、略读等。不同的阅读方法适用于不同的读书目的，阅读时选择最适合自己的方法，一定能达到事半功倍的效果。

50. 寻找一个学习榜样

俄国教育家乌申斯基曾说："榜样对儿童的心灵是一股非常有益的阳光，而这种阳光是没有任何东西可以替代的。"所以，在学习和生活中，我们需要找一个学习的榜样，通过榜样的力量来激发自己的潜能。

李成和王雨是一对好朋友，每天形影不离，就连考试成绩也"形影不离"，如果李成考第 18 名，那么王雨不是 19 名就是 17 名。可这次期中考试成绩出来后，王雨却一下子考到了第 8 名，这让李成感到有点意外。

后来，李成百思不得其解，最后还是问了王雨才知道原因。原来，王雨为摆脱这种不上不下的成绩，前段时间一直把班里成绩总在前三名的陈同作为自己的学习榜样。为了能赶上陈同，他努力学习，珍惜时间，赶超目标。正因为有了这样一个学习的好榜样，王雨才在学习上有了很大的进步。

李成知道这件事后，深有感触，他决定从现在开始也把陈同当做自己的学习榜样。因为有了这个动力，李成的学习也积极主动了。期末考试到了，李成也挤进了前 10 名，和王雨成为齐头并进的好朋友。

榜样是什么？榜样就像寒冷的冬日里一束温暖的阳光，让我们愿意靠近；榜样就像幽暗山洞里的一道亮光，给人们指引方向……俗话说："榜样的力量是无穷的。"给自己找一个学习的榜样，可以让自己在各方面获得提高。

一个古希腊神话故事

古希腊曾流传着这样一个美妙的神话故事：

18 岁的海格立斯，正在人生的十字路口上。一天，他遇到两位女神，一个叫恶德，一个叫美德。恶德女神千方百计诱惑他去追求能使人享受一生、却有害他人的生活；美德女神则劝导走为人除害造福的路。最后，海格立斯听从了美德女神的召唤,拒绝了恶德女神邪恶的诱惑,选择了终身为人们做好事的人生路。

以美德女神为榜样,海格立斯终于找到了自己的人生方向和定位。后来,海格立斯成为希腊人一直传颂的英雄。

海格立斯从美德女神身上看到了真正的美,把美德女神作为榜样,从而自己也成为了英雄。试想,如果他以恶德女神为榜样,那将会出现完全相反的结局。

好的榜样是一盏指路明灯

在学习中,我们为自己找一个好的榜样非常有必要。这样,我们就可以在成长的路上勇往直前而不至于迷路。我们在向榜样学习的同时,也正是不断丰富自己、不断成长的过程。其实,每个人在成长路上都需要一个好的榜样,好的榜样就好像前进中的一盏明灯,带领人们更快向目标地奔进。一个好榜样也可以使意志消沉者精神得到振奋,愚昧的头脑受到启迪,而善于思考者会获得答案,命运坎坷者不再叹息而奋起搏击。

以什么样的人为榜样,就很可能成为什么样的人:如果以英雄、伟人、智者、科学家等为榜样,就可能找到人生的方向和前进的动力,成为对社会有用的人;如果整天与不好的人在一起,盲目追星,虚荣攀比,结果将会非常糟糕。

学习好榜样,一生受益

在成长生涯中,有一个好的学习榜样,是一件受益终身的事情。如果我们能与榜样充分利用周围的有利条件,就能营造出一种你追我赶的学习氛围,自然能在学习上取得好成绩。

把眼光放得远一点,给自己找一个优秀的学习榜样吧,不断地激励自己,让自己更加成熟和优秀。无论何时,我们都要坚持向那些优秀的榜样学习,为自己树立目标,像雄鹰一样飞向更高的蓝天。

▶ 身体力行

1.从同龄的小伙伴中找到学习的楷模。当我们发现小伙伴身上有一种优秀的品质和能力值得学习时,比如认真学习、讲究卫生、懂礼貌,就要有意模仿和赶超,相互促进提高,改掉自己的坏毛病。

2.善于发现周围同学们的优点和长处。有了学习的榜样,就有了学习的目标,要努力激发自己的上进心,改掉自己身上的缺点,让自己一点点进步。

3.寻找生活中平实的榜样。选择榜样不能好高骛远,选择身边一些优秀的人作为榜样是个好办法。比如邻家的大哥哥、大姐姐,他们通过自己的努力取得了优异成绩,并有着令人信服的人格魅力。我们应该多和他们接触。

4.有了好成绩,还应该寻找更好的榜样。任何时候,都不应该因为取得好成绩而骄傲自满,而是应该扩大范围寻找比自己更优秀的学习榜样。

▶ 51. 学会大胆想象

> 想象力比知识更重要。因为知识是有限的,而想象力概括着世界上的一切,推动着进步,而且是知识进化的源泉。我们在学习各门课程中都要借助想象力,没有良好的想象力,就无法正确理解所学的内容。

爱因斯坦13岁时,对光速问题十分着迷。

有一次,他躺在一个小山头上,眯起眼睛向上看,这时,有千万道细细的阳光穿过了他的睫毛,射进了他的眼睛。爱因斯坦好奇地想,如果能乘一条光线去旅行,那将是什么样子呢?

于是,爱因斯坦想象着自己在做一次宇宙旅行。想象力把他带进了一个神奇场所,这个场所无法用经典物理学的观点来解释。回到家,爱因斯坦对舅舅说:"我努力想象自己在追赶一束光线,如果能追上,我想看看这种波是什么样的。"

在这个想象的指引下,爱因斯坦发现了接近光速运动的物体在空间上缩短和在时间上变慢的效应,并提出了一种新的理论以解释他的想象。这就是震惊世界的广义相对论。

想象是在人脑中对已有的记忆表象进行加工改造而创造新形象的过程,是一种非常高级、复杂的认知活动。想象并不是凭空产生的,想象所需要的材料都源于生活,源于人的经验。无论多么新奇古怪的想象,都建立在已有信息的基础上。

想象有着伟大的力量

想象是创造活动的基础和先导,是激励创造活动、产生科学的假说的源泉。没有想象,就没有科学的假说,没有科学的假说,也就没有科学的发现和发展。比如,飞机的升天,原子结构的模式,试管婴儿的诞生等,又何尝不是在想象功能的作用下产生的呢?

无意想象和有意想象

一般来说,想象包括无意想象和有意想象。无意想象是没有自觉目的,不需要付出努力的一种想象,对我们的智力发展意义不大。有意想象是有自觉目的,是需要我们做出一定努力的想象,它是我们智力的一部分,能直接促进智力的发展。

学习离不开想象

对我们来说,想象力是掌握知识的必要条件。不论学习哪一门学科,都必须借助于想象才能深刻地理解记忆。比如学习语文,就要利用丰富的想象去理解人物形象、景物、场面和题意;学习数学,特别是几何,就要有丰富、精确而又灵活的空间想象力,想象图形的形状,其他学科也是如此。

学习不是只通过按部就班或死板的形式和途径就能学好的,只有自主、主动地学习才能真正理解学习的精髓。所以学习必然要用与之相匹配的、生动活泼的方式实现,而这个活跃的因素就是想象力。

恰当而适宜的想象力表明一个人有非常强大的学习能力,是思维活跃的结果。只要一个人的想象力不枯竭,那么他学习的动力就不会消失;只要他充分利用想象力,就能尽情体会想象力带给学习方式上的轻松愉快和成绩上的巨大成功。

一定要重视想象力

有的同学认为,会想象没什么意义,这种观点是不正确的。鲁迅是这样评价青少年的想象的："孩子是可以敬服的，他们常常想到星月以上的境界，想到地面下的情形，想到花卉的用处，想到昆虫的言语，他们想飞上太空，他们想潜入蚁穴……"

事实上，我们的想象力有时候是足以让人感到惊叹。曾经有一位6岁的小姑娘，因为创作出一幅畅想未来到月亮上荡秋千的美术作品，而荣获了联合国举办的世界儿童绘画比赛一等奖。

想象力是智能活动的重要组成部分，是我们学习知识和自我发展不可缺少的条件，同时也是当今社会所需人才的必要素质之一。我们离不开想象力，想象力是人类特有的能力，未来的世界也将会是一个想象力的世界。为了发展智力，促进学习，我们必须重视培养想象力，让大脑插上想象的翅膀。

▶ 身体力行

1.丰富信息储备。知识和经验的多少、信息储备的多少，对想象的广度和深度有重要影响。头脑中的信息储备越丰富，想象就越开阔、深刻，想象力就越强。

2.多接触大自然。大自然的一切都可以引发无穷遐想，是想象的最好环境。大自然的花草树木、山水虫鱼、无不蕴含着美的因素。这样在想象时，就可以拓宽想象的天地，增加想象的细密程度和丰富程度，从而促进想象力的发展。

3.扩大语言文字积累。想象以形象形式为主，但也离不开语言材料，特别是需要用口头语言或书面语言将想象的内容表述出来时，语言材料起重要作用。

4.参加课外兴趣小组活动。学校、班级的课外兴趣小组的活动，往往不同于课内的知识传授和学习，参加课外兴趣小组十分有益于我们想象力的提高。

5.积极编故事，讲故事，接续故事。这些都是发展想象力的好机会。

▶ 52.让自己变得勤奋起来

著名数学家华罗庚曾说："天才在于积累，聪明在于勤奋。勤能补拙是良训，一分辛苦一分才。"勤奋不仅包括学习时的态度，也包括学习时注重的深度和广度，还包括广泛涉猎教科书以外的知识。

美籍华人诺贝尔奖得主丁肇中教授之所以取得令人敬慕的成就,与勤奋是分不开的。

有一次,一家中国报社记者采访丁肇中教授。记者问:"美国大学要读4年,研究生院要读5~6年,才能取得博士学位,据说您总共只用了5年时间,是吗?"

丁肇中答:"确实是这样。在那样困难的逆境中读书,就得用功。"

记者又问:"您取得成功的秘诀是什么?"

丁肇中说:"成功的秘诀只有三个字:勤、智、趣。"这里的"勤"指的就是勤奋。

他认为,获得成功的第一个秘诀就是勤奋。中学时代的丁肇中就是一个以勤奋学习而出名的学生。进了大学后,无论是在哪里,他都是以勤奋而闻名。

西班牙著名作家塞万提斯曾说:"不要睡懒觉,不和太阳一同起身就辜负了那一天……'勤奋是好运之母',反过来,懒惰就空有大志,成不了事。"

一个人能否取得事业的成功完全掌握在自己的手中。很多人出生在贫苦家庭,却能够凭着自己的勤奋而成为优秀的人才,对社会作出巨大的贡献。

卡耐基的成功秘诀

在一次接受记者采访时,钢铁大王卡耐基说起了成功的秘诀:"我能成功有两个基本因素:第一,我自幼出生在贫苦之家,晚上常听见父母为了应付穷困而叹息。所以我从小就力求上进与发奋,决心长大之后要击败穷困。第二,凡事不论大小,都要认真地去做……"

一个人不管现在生活的条件怎样,只要他勤奋,有目标,然后一步步地往前走,不放过任何一个机遇,终有一天,他会成为一个富有的人。所以,要想有所成就,实现心中的梦想,那就必须勤奋起来,肯吃苦,具备上进的精神。

成功偏爱勤奋的人

古今中外,财富总是偏爱勤奋的人。那些有所成就的人,无一不是勤奋的楷模,勤奋造就了他们一生事业的辉煌。其实,勤奋也是一种习惯,勤奋会让我们把握住更多的机会,从而成就非凡的事业。

鲁迅曾说:"伟大的成绩和辛勤的劳动是成正比的,有一分劳动就有一分收获，日积月累，从少到多，奇迹就可以创造出来。"居里夫人也说："懒惰和愚蠢在一起，勤奋和成功在一起，消沉和失败在一起，毅力和顺利在一起。"可见，一个勤奋的人能取得的成就必然比其他人多。

业精于勤，荒于嬉

唐朝著名文学家韩愈在《劝学解》中说："业精于勤，荒于嬉。"意思是说，学业的精深在于勤奋，而荒废在于贪玩的嬉笑声中。古往今来，有太多的成就事业的人来自于"业精于勤"。

人们往往都能看到超人的天赋，但却不知道超人的天赋背后，有着那么多锲而不舍的精神和刻苦勤奋的汗水。

在今天来说，我们要想学习好，就要发扬勤奋精神。事实上，一个人掌握知识的多与少，很大程度上取决于勤奋程度。所以，我们一定要勤奋起来。

勤奋比天分更重要

事实上，一个人掌握知识的多与少，很大程度上取决于他的勤奋程度。俄国著名作曲家柴可夫斯基说："即使一个人天分很高，如果他不艰苦操劳，他不仅不会做出伟大的事业，就是平凡的成绩也不可能得到。"所以，如果我们也想做出不平凡的成绩，就一定要勤奋，而不能让大好的青春年华在嬉笑中溜走。

▶ 身体力行

1. 懂得勤奋的道理。勤，就是不懒惰，充分利用时间；奋，就是不拖延，勇于同困难作斗争。勤奋，就是把握好每一个今天，不畏任何艰难困苦。

2. 认识懒惰的危害。懒惰是一杯毒酒，一旦喝下，就会中毒，后悔莫及。懒惰的人整日怨天尤人，游手好闲，精神沮丧，会一生衰败。

3. 用立志激励自己勤奋。俗话说："有志者事竟成。"如果树立了远大的志向，我们就能够用这个志向去激励自己勤奋，从而实现志向。

4. 通过劳动促使自己勤奋。勤奋不仅表现在学习上，更表现在工作和劳动上。所以，我们要有从小就通过劳动来培养勤奋工作的好习惯。

▶ 53.始终保持一颗进取心

> 有进取心的人,一定会不辞劳苦、坚持不懈地在人生路上勇敢前行,在他的大脑中决不会有得过且过的想法。进取心就潜藏在我们心中,如果我们发掘它、浇灌它,它会为我们带来想要的一切。

巴西著名足球运动员贝利初涉足坛时,在一次比赛中,他从己方禁区带球穿过全场,晃过对方包括守门员在内的全部防守队员,从容破门,不仅令万千观众心醉,而且使球场上的对手拍手称绝。赛后,贝利被记者们团团围住。其中一位记者问:"贝利先生,在您的进球中,您认为哪一个踢得最好?"贝利不假思索地说:"下一个。"

而当贝利在足坛上大红大紫,成为世界著名球王,已踢进100个球以后,记者又问他同样的问题:"您哪个球踢得最好?"贝利笑了,意味深长地说:"下一个。"记者们先是一愣,随即爆发出热烈的掌声。

贝利一生踢进1200多个球,两次荣获"世界球王"的美称,无数球迷为之倾倒。然而当记者问他哪个球踢得最精彩时,他却毫不犹豫地回答:"下一个!"

体会贝利的回答可以发现,简短的三个字却道出了他成功的秘诀:在迈向成功的道路上,每当实现一个近期目标,绝不应该骄傲自满,而应相信最好的永远都在下一个,应把原来的成功当成是新起点,这样才能不断地攀登新高峰。

取得一次成功,对一个人来说或许并非一件难事。但是只有不断超越自己已取得的成绩,向下一个目标迈进,向新领域拓展,才是难能可贵的。

进取心具有伟大的力量

进取心是激发一个人抗争命运的力量,是完成崇高使命和创造伟大成就的动力。一个具备了积极进取心的人,就像一个被磁化的指针那样,显示出矢志不移的神秘力量。

可以说，人生之所以不断进步，并最终取得成功，就是因为有了不竭的进取心和意志力，这是一种永不停息的自我推动力，激励着人们向着自己的目标前进。

进取心是人生的支点

积极向上的进取心是人生的支点，有了它，我们的人生就会奋斗不息。进取心是我们学习进步的重要保证之一，是我们获取成功的根源。所以，如果我们想要取得好的学习成绩，就请先问问自己有没有进取心吧！

从古至今，也不乏浅尝辄止、不思进取的人。在他们的心里，都是"这一个"，根本没有"下一个"的概念。这种人只能昙花一现，不可能有什么大作为。

可见，一个人即使取得很大的成功，也不应该因此就故步自封，否则终会功败垂成；只有抱负远大、永远积极进取的人，才会从一次成功走向另一次成功。

生命是不断进取的过程

生命本身就是一个不断进取的过程。我们都应该把以往所取得的成绩都融入今天的奋斗里，只有这样，才能百尺竿头，更进一步；只有这样，我们才能推动生命之舟向"下一个"目标驶去；只有这样，我们才能谱写壮美的人生篇章！

▶ 身体力行

1. 不满足现状。不满足就会改变，这就能激励我们从弱者变成强者，从情绪失控者变为情绪自控者，从懒惰者变为勤奋者，从得过且过者变为认真自律者……

2. 要有梦想。每个人都应该点燃梦想的发动机，这会让我们更加积极努力，远离消极，抵制各种诱惑，激励我们坚定地追求有意义的人生。

3. 要有自信心。这样，即使遇到再大的困难也可以想办法克服，再难的事也可以办好，这样，我们就不会丧失进取心。

4. 为自己加油。经常鼓励自己说："加油啊！""我一定能克服各种困难！"也可以记一本成功日记，记录自己的点滴进步，以及为这种进步付出的努力。

▶ 54. 设定一个学习目标

高尔基说:"一个人追求的目标越高,他的才力就发展得越快,对社会就越有益。"所以,我们要想在人生路上走得更远,取得更大的成功,就需要设定目标,并努力去实现目标。

20 世纪 60 年代,哈佛大学曾经对 10000 名大学毕业生作了一次有关目标设定的调查。调查结果显示:没有目标的占 27%,有模糊目标的占 60%,有明确目标的只有 10%,而有非常明确目标的就少的更加可怜,仅是 3%。

25 年后的结果却显示,目标与个人的成功息息相关。因为那 27% 没有目标的毕业生已经穷困潦倒,靠社会救济及子女赡养度日;而那 60% 有模糊目标的毕业生成为蓝领阶层,靠出卖技术和简单重复的劳动养家糊口;10% 有明确目标的毕业生成了白领阶层、专业人士,经济宽裕而且能不断进步;最后,那仅有的 3% 有非常明确目标的毕业生成了各行业的顶尖人物或白手起家的创业者。

目标对人生具有巨大的导向作用,有什么样的目标就会有什么样的人生。设定目标对我们的一生都起着至关重要的作用。

有目标才会有方向

俗话说:"心中没有大目标,一根灯草压弯腰;心中有了大目标,泰山压顶不弯腰。"可见,明确的目标对我们有巨大的鼓舞作用。有了明确的目标,心中就有了奋斗的方向,就有了动力与干劲。没有明确的目标,就会浑浑噩噩,永远也走不出狭隘的天地。

不可否认,目标和未来的成功有着很大的关系。有目标不一定成功,但是没有目标,一定会失败。没有目标,也就没有了生命的真正价值。一个个目标铺就了我们整个人生的道路,没有目标铺就的路是走不远的,会走得混沌、疲惫不堪。

一定要有长远目标，不要被眼前的小利蒙住眼睛，迷失自己。把眼光放远一点，我们才能走得更远。要知道，目标是我们的行为指南。

设定切实可行的目标

切实可行的目标能让我们有成功学习的感觉，这样不仅可以获得成功的喜悦，而且这种愉快的情感体验，会增强我们的学习兴趣和信心，提高学习能力，会促使我们产生继续学习的动力，从而达到良性循环。

目标要切合实际，不宜过高、过大、过远，要有阶梯性，要通过一定的努力就能实现，这样有利于我们踏实地走好每一步。否则，当我们努力一番过后，发现根本就无法达成时，就会灰心丧气。设定目标需要根据自身实际情况量力而行。古人云："取乎其上，得乎其中；取乎其中，得乎其下；取乎其下，则无所得矣。"所以，目标也不能太低，一定要量身定做。

当我们每达到一个目标时，就应该及时肯定和鼓励自己，增加自信心，从而向下个目标迈进。

有目标，还要有行动

要想达成目标，一定要行动。《淮南子·说林训》有言："临渊羡鱼，不如退而结网！"这句话本意是说，站在河塘边，与其急切地期盼着、幻想着鱼儿到手，还不如回去下功夫结好渔网，这样就不愁得不到鱼。这句话告诫我们，在目标与手段之间，有明确的目标固然重要，但如果没有实现这一目标的必要手段，目标将是空幻而不切实际的。实现这一目标的手段是"退而结网"的行动，也就是说有了目标后要赶紧行动。

目标的实现需要行动来完成，但这行动必须与目标的方向不能背道而驰。如果再重复别人南辕北辙的错误，再重演缘木求鱼的悲剧，永远也不能达到目标。

▶ 身体力行

1. 分析自己的优势和劣势，把自己的愿望和实际结合起来，并参考成功人士的经验。这样，我们才会少走很多弯路。

2. 目标需要具体。不具体的目标就不容易达成。

3. 目标要有时间限制。在规定的期限内一定要达成，而不要无故拖延时间，否则，目标便失去了它应有的意义和价值。

4. 学会分解目标。面对一个目标，应该知道去分解，也就是把目标细化，化整为零。大的目标一旦被细分成很多小的目标，完成目标就比较容易了。

5. 可以调整目标，但不可以放弃。

▶ 55. 每天都要进步一点点

当我们每天学习比以前认真一点点时，当我们每次作业比上次质量高一点点时……这每一次进步的一点点，累积起来，就是大进步。进步与提高，其实就是这样得来的。

曾经有一名学生为了学好英语，从高中一年级开始背《新概念英语》第3册的课文，每天背一点，就这样坚持着，背到高三时，居然把整本书的课文都背完了。

进入大学后，他又坚持背第4册，依然是每天背一点，把第4册又背得滚瓜烂熟。甚至当别人把其中任何一句说出来，他都能把上一句和下一句接下去，而且语音非常标准，因为每天他都是听着英语录音进入梦乡的。

仅仅如此而已，他的英文却达到了令人吃惊的水平，以至于后来去了美国上大学时，教授误认为他的文章是剽窃的——文章写得实在是太好了！

其实，这就是每天努力一点点，每天进步一点点的结果。虽然量变的积累难免让人觉得很折磨人，也很无奈，但是当到达质变的那一刻时，却是悄然无息，而又让人兴奋不已的。

每天进步一点点就好

进取的人生永远都只能是一步一步地来。每天进步一点点，这并不需要太多的努力和辛苦付出。每天进步多一点，还有助于保持旺盛的精力，既能让我们充满信心，又能活跃神经，保证我们的身心健康。

每个人都明白"不能一口吃出个胖子"的道理。想进步想提高固然是一桩好事，但是，不能要求什么都一口气做完，只要每天进步一点点就好。

不要轻视这些"一点点"

每天勤奋一点点，每天主动一点点，每天创造一点点……只要我们每天进步一点点，并持之以恒，总有一天，我们会惊奇地发现，小进步创造出了大成绩。大凡那些有所成就的人，他们之所以成功，是因为他们知道每天进步一点点。

千万不可以轻视这每天一点点的进步，可以认真想一下：刚进小学时，我能认识几个字？但现在却可以阅读古今中外的名著了。刚开始学英语时，也就认识 ABC，现在则可以很熟练地运用英语对话了。之所以出现这些巨大的可喜的变化，靠的不正是平时一点点的进步吗？所以，我们要相信，每天进步一点点，终将会从现实的此岸迈向成功的彼岸！

每天进步一点点并不难实现

人生的每一天都应该充满新鲜感，每天进步一点点，并非很难实现。只是今天的"我"必须超过昨天的"我"，更进步，更充实，这样才能够让自己不断地提高。当然，我们在每天进步一点点的过程中，一定要坚持不懈，千万不能"三天打鱼，两天晒网"，或者给自己找借口，那样就会"逆水行舟，不进则退"！

无所事事地消磨时间是非常不好的。要相信，现在每天的一点点的进步，最终可以实现我们的某个大目标，进一步会实现我们的人生理想。

小进步，换来大成就

人的一生，就好比是一个跑道。如果我们能每天进步一点点，我们就会走向卓越；如果我们想一口气跑到终点，急于求成，却往往适得其反。每天多做一点点,多付出一点点,这是成功者共有的特质;而每天少做一点点,懒惰一点点,这是失败者共有的缺点。

做任何事情,只要我们心中有自己的目标,明确地知道自己的目的地,然后再"一点点"地迈向目的地,我们终将会迈向成功的大门!

人的生命有限,但能量无限,把自己的每一步都看做起点吧! 这样,我们就能迸发出无限的能量。只要我们能从容面对生活,积极做事,遇到挫折能够百折不挠、越挫越勇,真正做到荣辱不惊,并持之以恒地朝着梦想前进,就能创造出辉煌的人生!

▶ 身体力行

1. 每天都要坚持不懈地改进自己。踏踏实实地往前走,做到每天进步,哪怕只是一点点。脚踏实地,一步一个脚印非常重要。每天进步百分之一,长期积累下去,就犹如滴水穿石,终将会走向卓越!

2. 晚上临睡之前,一定要自我反省:"今天我学到了什么呢? 有哪些进步呢?我是否有什么事做错了呢? 假如明天我要有所进步,有哪些地方要注意,不能再犯错呢?"当我们想好了这些问题时,我们就比昨天进步了。

3. 给自己制订一个"进步计划",充分合理地利用时间。

▶ 56. 相信自己有无限潜能

我们要有这样一种信念:这个世界上没有不可能的事情,也不存在完成不了的任务,只是我们还没有充分发挥我们的潜能。所以,不要把"不可能"三个字挂在嘴边,一定要相信,我们每个人都有无限的潜能。

心理学家曾做过这样一项实验:

他们找来几十名智商、能力和学习成绩差不多的孩子,让他们去做一项有些难度，已经超出他们的能力的事，结果他们都没有完成。

后来，心理学家把这些孩子平均分为两组。对第一组的孩子说："你们非常聪明，很有能力，相信你们一定能完成这项工作。"并在整个过程中不停地鼓励他们。对第二组的孩子则进行了严厉地批评："你们真是笨蛋，这么简单的事都做不好，你们将来还能干什么大事？"之后，还是不断地训斥他们。

几天后，第一组的孩子全部完成了任务，并且个个信心十足，相信凭着自己的能力能够克服困难，取得成功；第二组的绝大多数孩子放弃了这项工作，并且充满了悲观、失望的情绪，以后学习、做事也越来越没有积极性和主动性。

每个人的头脑中都蕴含着无限的潜能。据研究，人的大脑的重量虽然只有1000多克，却包含着100多亿个神经元以及1000多亿个胶质细胞。像爱因斯坦这样伟大的科学家才发挥了不到10%，普通的人连5%都没有发挥。

唤醒沉睡的巨人

我们每个人都处于沉睡的状态，每个人都是一个沉睡的巨人。要唤醒这个巨人，就要靠激励。激励可以激活这些脑细胞，使它们高速运转起来。

那些出类拔萃的人就是利用和发挥自身潜能比别人多、比别人好的人。也就是说，之所以他们会出类拔萃，就是因为他们经常受到激励，比别人更加善于开发并利用自己的潜能。

每个人都有无限的潜能，就看是否能够把这种潜能激励出来。激励就好像我们生命中最好的养料，哪怕只是一小勺的清水，也能让生命之树茁壮成长，枝繁叶茂，让我们充满希望，让我们的人生辉煌。

学会激励自己

毋庸置疑，激励能够激发我们的潜能。所以，我们要学会激励自己，要通过外力或内力激发出我们内心的力量，调动起我们的积极性和创造性，使我们朝着所期望的目标努力追求。

相信自己可以创造奇迹

心理学家告诉我们,我们所用的能力跟我们所拥有的能力相比,比值大约是2%~5%。可以说,人类最大的悲剧之一就是人力资源的浪费。也就是说,一个人永远无法发现潜藏在他自己身上的那笔雄厚的财富,这才是非常糟糕的事。

当我们学会运用自己内在无限的潜能时,我们才变得真实而有价值。所以,我们一定要发现并利用自己内在的"金矿"。否则,如果一直不用,"金矿"就会消磨殆尽。世上没有什么不可能的事,我们要相信自己有创造奇迹的信心和勇气,敢于挑战。

▶ 身体力行

1. 不找借口。遇到困难时,要多想一下,有没有其他解决办法?能不能将问题分解?比如,可以认真体会这样的说法:"试试看有没有其他的可能性?""也许我可以换个思路!"……千万不要说类似于"不可能"之类的话,要积极尝试。

2. 积极主动。要学会用积极主动的讲话方式,说:"我选择……""我要……""我认为……""我打算……""我决定……"等,少推卸责任,少抱怨。

3. 静心反思。可以静下心来,认真想一下,以前或最近在学习和生活中有没有发生让自己因感觉困难而退缩的情形。如果有,应该想办法加以克服!

4. 敢于挑战自我。遇到困难,不要沉湎在过去,也不要憧憬未来,而是要脚踏实地,着眼于今天。要知道,坐着等"完美时刻"到来的想法行不通。

▶ 57. 掌握好的学习方法

对于学习而言,要讲究方法。方法好就是学习的"利器"。掌握了好的学习方法,才能事半功倍。所以我们要掌握好的学习方法。

在一次作文比赛中,老师出题后,同学们便立即动起笔来。

可是,有一位同学却格外沉着,她时而凝神若有所思,时而低头写几个字。

10多分钟过去了，教室里格外寂静，只有笔落在纸上沙沙的声响。然而，那位同学仍然没有动笔。

老师走过去关切地询问。她只回答一句："我在拟提纲。"在她的草稿上，段落安排，详略处理一目了然，整篇作文的框架赫然展示在提纲中。

过了一会儿，她开始动笔了。她没有像其他同学那样先去打草稿，而是直接把作文写在了比赛的试卷上。交卷后，老师看了她的作文，内容充实，文义通达，卷面干干净净。

正所谓"磨刀不误砍柴工"，这位同学在写作时重视拟提纲这一"磨刀"环节，在构思整篇作文、安排文意的思路上舍得花时间，因此成竹在胸，文章一气呵成。可见，作文前做好充分的准备工作，写起来省时又省力。

所以，要想提高效率，就应该在开工之前仔细考虑，合理安排，做好准备，在"砍树"之余不忘记"磨斧头"。只要做到了这些，就一定会有成效。这一点，与古代兵法所提倡的"兵马未动，粮草先行"有异曲同工之妙。

工欲善其事，必先利其器

《论语·魏灵公》里说："工欲善其事，必先利其器。"意思是说，工匠想要做好一样东西，一定要先把工具准备利落。"器"是指工具。后人把这句话引申为人要想做好一件事，一定要先把解决问题的方法整理出来，或是把准备工作先做好。善用方法者，一切皆容易；不善用者，一切皆困难。所以，成败的关键是做事的人能否真正"利其器"。

古人也讲："授人以鱼，不如授之以渔。""渔"就是捕鱼的方法技巧。与其送给别人一些鱼，让他一时坐享其成，还不如教给他捕鱼的方法，让他终生受益。

好方法是学习的"利器"

对于学习而言，也一定要讲究方法。方法好就是学习的"利器"。掌握了好的学习方法，才能事半功倍。方法正确，可以"免得走无穷无尽的弯路，并节省在错误方向下浪费掉的无法计算的时间和劳动"。

有人说,高三的学习生活最枯燥,充满压力。可是对某市高考文科状元小牟来说,这一年过得并不紧张,学得并不枯燥,而是很轻松,很快乐。小牟多才多艺,不仅学习成绩好,还会几种乐器,游泳、滑冰、打篮球,样样精通。即使是在迎接高考的那些日子,她也没放弃这些爱好。

这么多爱好,还能有这么好的成绩,小牟是如何分配自己的精力,做到学习、生活两不误的呢? 在谈到学习体会时她说,这得益于她富有效率的生活和学习方式。高三时,每天晚上她都抽出时间锻炼身体;学习累了,她会通过弹钢琴来舒缓紧张情绪;有时她还会抽空看几部英文电影,对她来说,这既是一种休息,又在学习英语。讲求学习方法,注意劳逸结合,让她的学习事半功倍。

做什么事情都有方法,只有找到适合自己的学习方法,才能有事半功倍的效果。学习的过程,除了自己,没有任何人可以代劳,透过知识的吸收,加上不断地反省、思考,化为自己宝贵的经验,这就是智慧的开启之处,也是奠定我们一生能够不断成长的真正基础。

学习一定要注重方法

学习要注重方法,好的方法就是捷径,就是效率,就能创造成绩,创造效益,创造成功。爱因斯坦也列出了一个关于"成功"的公式:成功 = 艰苦的劳动 + 正确的学习方法 + 少说空话。

如果我们深入分析那些成绩很好的同学,就会发现,并非他们有多么高的智商,而在于他们掌握了有效的学习方法。学习应该讲究方法,因为高效一定是科学的学习方法的结果。

如果我们学习很用功,但成绩却不好,那就应该反思自己是否没有掌握科学、高效的学习方法。要相信,只要改进学习方法,再加上勤奋努力的可贵品质,学习效率就一定会得到提升。

▶ 身体力行

1. 方法科学。认识学习方法对学习的重要性。学习方法是影响学习成绩的关键因素,任何优异成绩的取得,都与正确高效的学习方法密不可分。

2.合理安排。合理安排好自己的课堂学习、课外生活、各个学科的学习策略、应试技巧，提高自己的记忆力等，从而轻松掌握各科知识，提高学习效率。

3.善于学习。多参考一些有关学习方法的书，学习行之有效的学习方法。

4.榜样带动。注意向学习成绩好的同学学习，向他们请教其学习方法，看这些方法是否也适合自己，如果适合，就拿来为自己所用。

5.不断总结。在学习过程中，注意不断总结自己的学习方法，让这些好的学习方法促进自己的学习。

第四章

交往的细节

　　交往已经成为 21 世纪全球化的重要特征，交往无处不在。在某种程度上，交往能力甚至可以决定一个人的人生发展。所以，我们也一定要掌握交往的各种细节，学会与人交往，让自己在交往中获得各种能力水平的提升，从而适应这个时代的发展。

▶ 58. 勇于克服自卑的情绪

自卑的人感觉自己低人一等,从而轻视自己,怀疑自己的能力,不敢去做有挑战意义的事,而这正是成就大事所必须摒弃的! 自卑的人经常给自己找借口:"我不行!""我能力太差!"这样,他就始终没有办法摆脱自卑的纠缠,当然,也很难实现人生理想。

法国大启蒙思想家卢梭曾一度因为自己出身孤儿,从小流落街头而自卑;特立独行的存在主义大师、法国著名作家萨特,两岁丧父,一只眼斜视,一只眼失明,失去亲情和身体的残疾让他产生了极重的自卑感。

美国总统林肯出身农民,9 岁丧母,只受一年教育就辍学劳动,他曾深深为自己的身世而自卑;法国第一帝国皇帝、军事家拿破仑年轻时,曾为自己身材矮小和家庭贫困而自卑;日本著名企业家松下幸之助,4 岁家败,9 岁辍学谋生,11 岁亡父,他曾为自己的贫困而极度自卑。

但是,他们无一不是超越了自卑,走向了成功。

在世界知名人物中,从自卑的泥潭走向成功的例子比比皆是。如果我们现在正忍受着自卑情绪的折磨,那就好好想想这些杰出人物的成功历程吧! 也许有一天,我们也会与加入他们的队伍。当然,前提是超越自卑。

不可否认,这个世界上有太多杰出的人物,他们走的就是一条超越自卑的路。事实上,自卑的超越与一个人的心态是互相关联、互相依存的,只要能够改变心态,就会把自卑变为发奋的动力,就能走向卓越人生。

自卑是心灵的杀手

自卑是心灵的杀手,它像一根潮湿的火柴,永远不能点燃胜利的火焰;它像一只破旧的帆船,永远不能扬起胜利的风帆;它像一只断了桨的小船,永远不能到达成功的彼岸。自卑是一种自我意识的缺陷，也是一种不良的性格，更是一种必须克服的弱点。

拔除心灵的野草

有人说，自卑就是心灵的野草。是的，自卑就像野草一样吞噬着我们的心灵，汲取心灵的营养，从而给我们的心灵刻下深深的创伤，带来莫大的痛苦。所以，我们一定要把心灵的野草拔除。只有这样，才能让自己获得重生。

正确对待缺憾，远离自卑

如果我们不能正确对待自身的某些缺憾，反而一味自责，自我放弃，甚至怨恨父母为什么把自己生在一个不如别人的环境中，那么，他的斗志一定会衰退，就会给未来的生活种下不幸的种子。如果这种自卑心一直持续，就会摧毁他的精神支柱，他也因此会自轻自贱、自暴自弃。

有的同学因为从小生活的环境不好，或是过分关心外界的环境因素，时时处处表现得小心翼翼，以至于怀疑自己的能力，贬低自己，甚至是轻易否定自己。如果不改变，他们一定很难走出人生的低谷。

还有的同学看不起自己，时常把"我不行"、"我没希望"、"我会失败"等类似的话挂在嘴边。实际上，这种消极的暗示性语言就直接导致了他们的失败。因为，他们在说这些话的同时也放弃了努力与进取，失去了自我发展的勇气和信心。这样的状况就会导致学习每况愈下，形成恶性循环。严重的情形下，自卑情绪甚至会把一个人推向绝路。

天生我材必有用

李白在《将进酒》中写道："天生我材必有用！"那是怎样的一种豪迈气势啊！有一部名叫《宋氏王朝》的电影，讲述了宋氏三姐妹蔼龄、庆龄与美龄的故事，三姐妹的一句话令人震撼不已。她们说："我们将来一定要做一个不平凡的人。"这是一种多么伟大的自信啊！

苏联文学家高尔基说："只有满怀自信的人，才能在任何地方都怀着自信沉浸在生活中,并实现自己的意志。"美国作家爱默生说:"自信是成功的唯一秘诀。"所以,我们应该坚决摒弃自卑,扬起自信的风帆,在任何时候都要相信自己,这样我们就成功了一大半,这样我们才能在人生的旅途上不畏艰难,勇于进取。

自卑者的三种出路

对自卑的人来说,一般有三种出路:

第一,消极认命。承认自己是自卑的事实,认为自己的确不如别人,相信自己没有能力。持这种自卑心态的人,容易放弃个人的努力与奋斗,最后沦为失败者。

第二,自暴自弃。走向侵犯他人、危害社会的违法道路。这种人因为极度自卑,根本看不到一点光明和前途,于是就铤而走险,以错误的方式去补偿自己的自卑心理。这种人最终必将以更大的失败而收场。

第三,奋发图强,超越自卑,勇于走出自卑的泥潭。这种人虽然承认自卑的感觉,但决不让这种感觉控制自己。他们认为,与其为自卑而叹气,庸庸碌碌过一生,不如变自卑为奋斗的力量,把握住命运的咽喉,争取成功。一旦有一次小的成功,自卑就被逐渐超越,就会建立起自信来。

不可否认,第三条出路是最佳的选择。如果选择这条路,就等于从自卑走向自信,从失败走向成功,从渺小走向伟大。

▶ 身体力行

1. 成功体认。把自己视作一个成功者,这样才有助于打破妄自菲薄和自我失败的坏毛病。

2. 成功强化。在心中描绘一副自己希望达成的成功蓝图,然后在大脑中不断地强化这种印象,使之不至于随时间的推移而模糊褪色。

3. 树立信心。不要怀疑自己,更不要贬低自己,而应该相信自己。否则,自我怀疑会让自己处于越来越不利的地位,使自己本来能做成的事情也做不成了。

4. 挖掘潜能。善于发现自己的长处和优点,试着挖掘自己的潜能。如果能用尊重自己的态度努力发现和发挥这些潜能,就一定会取得成功。

5. 调动情绪。善于挖掘、调动积极的情绪,抵制和克服消极的情绪。

6.挑战自我。不要沉浸在过去,也不要沉溺于梦想中,要脚踏实地,着眼于今天,不断寻求挑战,激励自己。

7.自我激励。暗示和激励要用正面的语言,比如,暗示自己"我一定会成功",而不说"我不会失败";说"学习很容易",而不说"学习不难"。坚持在早晨起床后和晚睡前对自己说:"我是最棒的!"或"我一定行!"

8.有自知之明。正确评估自己的实力,然后再加一成,作为自己能力的弹力范围。因为,适当提高自尊心相当重要。

▶ 59.对别人要有礼貌

礼貌,是一种发自内心的对他人的尊敬,也是人与人相处不可或缺的艺术。俄国思想家赫尔岑曾说:"生活最重要的是要有礼貌,它比最高的智能,比一切学识都重要。"孔子也曾说:"不学礼,无以立。"如果一个人没有礼貌,他注定是无法在社会立足的。

周总理是礼貌待人的楷模。他常说:"衣着整齐是一种礼貌,表示对人家的尊重。"他身为国家总理,但总是谦虚恭敬、彬彬有礼,处处以礼待人;他常常是站起来用双手接过服务员给他端的茶水,并微笑点头致谢;而他要是外出视察工作时,他总是和服务员、厨师、警卫员一一握手,亲切道谢;当他深夜干完工作回家的途中,总是再三叮嘱司机要礼貌行车,让外宾先走。

外国记者赞美说:"大凡见过他的人都认为他具有一种魅力,精明智慧,人品非凡,而且令人神往。"

周总理逝世时,一些外国报纸说:"全世界向他致敬,没有人唱反调,这是罕见的事情"。周总理以礼待人,他本人得到了世界人民的赞誉,同时也为我国革命和建设及外交事业作出了巨大贡献。

礼貌反映着一个人的教养和文明程度。有修养的人时时处处受人尊敬,容易得到别人的认同;没有修养的人,便会在现实社会中处处碰壁,不得人心。

什么是礼

礼是儒家五常(仁、义、礼、智、信)之一,也是中华五千年文化传承的精髓。礼是做人的最基本准则,是社会交往中的行为规范。何者为礼? 礼者,示人以曲也。己弯腰则人高,对他人即为有礼。因此敬人即为礼。古之礼,示人就好像弯曲的谷物。只有结满谷物的谷穗才会弯下头,礼之精要就在于曲。

有礼貌的人走到哪里都受欢迎

通常,在家庭里,懂礼貌的孩子总是会得到大家的喜爱。同样,当我们走入社会时就会发现,这条定律也同样发挥着重要的作用:懂礼貌的人总是受到别人的喜爱,别人也会尊重他。

有些同学认为,现代社会飞速发展,懂不懂礼貌没关系,只要学习好、有真本事就好了。其实,这种想法大错特错。试问,一个举止粗俗、满嘴脏话的人能受到人们的欢迎吗? 当然不能。一个人纵然学识渊博,满腹经纶,如果没有礼貌,也不会有什么前途。相反,一个举止得体、待人有礼的人,必定深受人们的欢迎,有利于他人生的发展。

一个举止优雅、彬彬有礼的人,更容易得到周围人的欣赏和承认。因为他们特别谦虚谨慎,从不装腔作势、装模作样、夸夸其谈、招摇过市。凡是社交能力比较强的人,都是比较懂礼貌的人,也更加能够获得机会。

礼貌是塑造爱和尊重的前提

礼貌待人是做人的基本道德,我们一定要树立礼貌思想。这样,我们待人才会彬彬有礼。即使是在最好的朋友或者在父母兄弟姐妹面前也要讲礼貌。相反,粗鲁的言谈举止是最令人生厌的,它犹如毒药一般,会慢慢腐蚀亲情和友情,会使所有的事情都变糟。

礼貌是塑造爱和尊重的前提。对他人的礼貌体现了对他人的一种尊重,这种尊重应该是发自内心的最真实的表达。礼貌绝不是刻板的虚文假套，它是一个人修养和品味的体现，是他内心世界的表征。

礼貌就好像我们的衣服，显出我们的素质与涵养。礼貌待人，就会给人留下良好的印象。爱默生曾说："礼貌是人与人之间快乐做事的方法。"一声早安、一句问候、亲切文雅的谈吐，都能够让世界变得更为美好。当我们让别人感到快乐的同时，我们自己也是喜悦的。礼貌待人，我们何乐而不为呢？

知礼行礼，以礼待人

在生活中处处有礼貌，如见人主动问候；当有人帮助我们时，要说"谢谢"；当无意当中妨碍了他人时，应该说"对不起"；要时刻想到关心他人，帮助他人……那时，我们的心情将是最满足、最快乐的。

中国是礼义之邦，从古至今，无数的圣人儒子传承了中国的礼义美德。我们即将跨入社会，也应该学会自尊、自爱，守规矩，懂礼貌。我们要做一个有礼貌的人，即知礼、行礼，以礼相待。我们不能只盯着学习成绩了，还应该学会礼貌待人。

▶ 身体力行

1. 记住并运用常用礼貌用语：请、您好、谢谢、对不起、再见，这10个字会给我们带来快乐人生，让我们成为受欢迎的人。

2. 学会尊重别人。尊重别人不是同情、怜悯，更不是赏赐，可以给人以自信，给人以力量，给人以温暖。帮助别人等于帮助自己，尊重别人也等于尊重自己。

3. 学会谦让。谦让是中华民族优良的传统，是一种高尚的美德。

4. 不说脏话、粗话。脏话和粗话除了表现着自己的肤浅与无知，也严重伤着别人的自尊心，别人也同样会回击我们。所以要学会文明用语。

5. 讲究仪表和言行举止。要做到衣着整洁，朴素大方，语言亲切，举止文明。这是一个人有修养的体现，也是尊重别人的表现。

6. 当别人在谈话时，不打断，不插嘴。与他人在一起时，要注意多听少说。

▶ 60. 每天都微笑着面对别人

> 笑容,就像穿过乌云的太阳,能够照亮所有看到它的人,带给人们温暖的阳光。笑容,对我们自己,就是一缕清风,一个承诺;对他人,就是一种肯定,一份激励。在任何时候,笑容的力量都能震撼心灵。

几位朋友在一起聊天,一位朋友出了这样一个谈不上谜语的谜语。他说:在某地的博物馆和超市,你会看到这样的标牌:本馆(或本店)有摄像监视。请问,后面的一句话是什么?

按照我们的视野范围猜想,无非是"禁止偷盗,违者罚款×元"等令人望而生畏的冷冰冰话语。可是这位朋友的回答是:请你保持微笑!

出乎意料的答案,让我们不由得赞叹这从容而又有风度、善意而又温暖的充满了人文色彩的忠告。

"请你保持微笑",是一种春风化雨般的渗透,令人容易感到温暖,感到喜悦。这样的语言传递的是一种文明,彰显的是一种涵养,展示的是一种风度。

其实,真正的风度并不仅仅表现在外在的穿衣打扮和言行举止上,更在于荡漾在他脸上的那种源自真实心灵的笑容,这样的人才更有亲和力和风度。

善传染善,笑传染笑

恶传染恶,善传染善,而笑也会传染笑。所以,当我们大家都保持微笑的时候,周围的世界就会和谐、圆融与美好。

微笑的力量是令人震撼的。一天,爱丽丝听到敲门声,就打开了房门,她发现一个持刀男人正恶狠狠地瞪着她。爱丽丝灵机一动,微笑着说:"朋友,你真会开玩笑!是推销菜刀的吧?我喜欢,我要一把。你很像我过去的一位好心的邻居，看到你真高兴。"

本来脸带杀气的歹徒渐渐变得腼腆起来，他有点结巴地说："谢谢，哦，谢谢！"最后，爱丽丝真"买"了那把明晃晃的菜刀。陌生男人拿着钱，迟疑了一会儿，在转身离去时，他说："小姐，你将改变我的一生！"其实，爱丽丝的一个微笑，同时改变了两个人的一生。

这个故事也许不是真的，但是我们却相信微笑的确有这样的力量。生活，就是面对现实微笑。我们对生活微笑，生活也会回馈给我们笑脸。

微笑是一种奇怪的电波

美国钢铁大王卡耐基曾说："微笑是一种奇怪的电波，它会使别人在不知不觉中同意你的意见。"在一次宴会上，一个平时对卡耐基很有意见的商人在背地里大肆地抨击卡耐基，当卡耐基就站在人群中听那个商人高谈阔论时，商人还不知道，这使得宴会主人很尴尬。

不过，卡耐基却安详地站着，脸上微笑着，等到那个抨击他的人发现他时，感到非常难堪，正想从人群中钻出去。这时，卡耐基的脸上仍然堆着笑容，走上前去亲热地跟他握手，好像完全没听见他说自己坏话似的。后来，这个人成了卡耐基的好朋友。

其实，我们向一个人微笑，就是以一种巧妙且含蓄的方式告诉他，我们欢迎他，尊重他。这样的话，我们也就容易赢得他的欢迎和尊重。正如一位名人所说："微笑，它不花费什么，但却创造了许多成果。它丰富了那些接受的人，而又不使给予的人变得贫瘠。它产生在一刹那间，却给人留下永久的记忆。"

微笑是人类最好的表情

微笑是人类最好的表情，每个人都可以面带微笑，让微笑组成人际关系的链环。那么，这个世界就会变得像花儿一样美丽，像太阳一样灿烂！世界各民族普遍认同微笑是最基本的笑容或常规表情。因此，有位哲人曾说："微笑是走遍世界的通行证。"

每个人都难免会接触或置身于陌生的环境，我们也不例外。在陌生环境里，绝大多数人都习惯板着面孔,保护着原本脆弱的尊严,以免受到来自外界的侵犯和伤害。结果,随着时间的推移,陌生环境依旧陌生,人们所担心的那种"危险"依旧潜伏在周围,而自己却已经疲惫不堪了。

其实,如果学会在陌生环境中换一副表情,尝试对陌生的一切都微笑一下,情形就会大不一样。在陌生环境中对他人保持微笑,就会得到一种心理上的放松和坦然。所以,我们要多一些真诚和友善,不用去伪装。当我们送出一个微笑时,就会得到一个甚至多个微笑,内心就不会再疲惫和紧张,人与人之间也会变得更为默契。这样,他在陌生的环境里感到的将是融洽和温暖,而非陌生和冰冷。

面对自卑的人,微笑带给他鼓励和自信;面对亲人,微笑会造就一种幸福的氛围;面对朋友,微笑是一种默契;面对客人,微笑让人有一种宾至如归的感觉……微笑的表情胜过华美的外表。对周围的人微笑吧,我们一定会感受到微笑的巨大魅力。

微笑是无声的行动

如果说行动比语言更具有力量的话,那么微笑就是无声的行动,是一种可以创造财富的不可忽视的行动。微笑是对他人友好、尊重他人的表现,是沟通彼此心灵的渠道,可以缩短人与人之间的距离,化解尴尬的僵局,使人产生一种安全感、亲切感和愉快感。

微笑一定要发自内心

在适当的时间,在适当的场合,微笑真的可以创造奇迹。微笑就好比一个信使,它把好意传递给所有的人,也把快乐传递给所有的人。当然,微笑一定是发自内心的,是真诚的!否则,不怀好意的微笑是会瞬间被人识破的。

让自己做一个微笑的人

微笑,是最好的国际语言和沟通方式。当我们与人相处时,要满脸微笑,因为它会让人感到亲切,会消除人与人之间的陌生感,也会让人不由自主地想跟我们说话,这些都会给我们带来源源不断的财富。

对他人微笑,这是一种自尊、自爱、自信的表现。学会微笑吧,这样就会在陌生人之间架一座友谊之桥,就会拥有一把开启陌生人心扉的金钥匙,就会赢得成功的力量,找到一个新的起点,直面人生的挑战。

▶ **身体力行**

1. 对所有人都应该微笑。无论遇到新朋友还是老朋友,熟人还是陌生人,都不要忘记微笑,这样,我们的周围必将充满温情和友善。

2. 微笑要与口语相结合。微笑要自然适度,指向要明确,有时需要与口语相结合。比如,微笑的同时应配以"您好!""谢谢!"之类的话语。

3. 微笑要注意场合,要掌握分寸,不要在不该微笑的场合笑。比如,比较悲伤的场合就不适宜微笑,像葬礼等。

4. 微笑一定要发自内心,才能发挥沟通情感的桥梁作用。

5. 不要把讥笑、嘲笑当成微笑。无论什么时候,都要友善地对待别人,都不要讥笑或嘲笑他人。

▶ 61. 真诚地对待每一个人

> 与人为善、真诚待人,是中华民族的传统美德。我们每个人都希望得到别人的真诚相待。你怎样待人,别人也会怎样待你。要想别人真诚待你,就应当首先主动真诚地去对待别人。

在美国费城,一个阴云密布的午后,突然下起了暴雨,行人纷纷到就近的店铺躲雨。一位行动迟缓的老妇人,被突如其来的暴雨淋得浑身都湿透了。她步履蹒跚地走进了一家百货商店,她的穿着很简朴,看起来很狼狈,所有的人都对她视而不见。

这时,只有一位年轻人走上前来,他是百货商店的一名员工。他对她说:"夫人,我能为您做点什么吗?"老妇人微笑着说:"不用了,等雨停了,我马上就走。"

但是雨不停地下,好像一时半会儿也停不了。老妇人显得越来越不安,在别人的屋檐下躲雨,如果不买点东西似乎不合情理。于是,她在商店里转悠起来,可始终没有看到适合的东西,她显得很窘迫,露出了尴尬的神情。

年轻人见状,又走了过来,他微笑着说:"夫人,您不必这么为难,我给您搬了一把椅子,您坐着休息一会儿吧!"老妇人感激地向年轻人道谢,坐在椅子上休息起来。两个小时后,雨终于停了,老妇人向年轻人打了一个招呼,并要了张名片后就离开了。

事后,年轻人并没有把这件事放在心上,日子还像以前那样过着。几个月后,百货商店的总经理收到了一封信,信中要求将那位年轻人派往苏格兰收取装潢一整座城堡的订单。这封信带来的收益,相当于百货商店两年的利润总和。

原来,这封信就是老妇人写的,她就是美国钢铁大王卡耐基的母亲。这位年轻人名叫菲利,几年后,他凭着一贯的踏实和真诚,成为卡耐基的左膀右臂,事业扶摇直上。

老妇人被年轻人真诚的爱心感动了,在他付出真诚的同时,也收到了他人真诚的回馈。也许很多人都觉得,积极主动地付出真诚和友善仅仅是对待别人的一种态度,其实,准确地说,友善真诚地待人态度是善待自己的一种表现。待人以诚,别人就报以诚;待人以善,别人就报以善。

真诚才能构建和谐温暖的世界

人们都想要一个温馨和谐的生存环境,而营造出温馨和谐的人际关系氛围,需要大家共同付出努力。只有每个人都不吝啬付出自己的真诚,才能构造出一个和谐温暖的世界。只有人人都付出,人人才都能够受益,友善真诚待人的结果必定是双赢。

如果我们单单是为了收获别人的回报而去付出爱心,已经违背了我们真诚待人的原则了。真诚的价值其实不在于我们付出后收获了多少,而在于与人真诚的交往中,我们的内心始终充满了温馨与喜悦。

生活中的奇迹,往往就在不经意间发生。有时一句真诚的问候,功用却无比巨大。因为这种真诚的力量能直入人心,让人感觉如沐春风,给身处困境中的人带来一丝温暖、一点希望。这种人间的美好,这种真诚所产生的价值却是无法用金钱来估量的。

真诚待人,不会吃亏的

有的人对真诚待人持怀疑或否定的态度。他们的理由是:我如果真诚待人,他人却不真诚待我,那我岂不是很傻、很吃亏吗?不能否认,生活中确实有这样的人,他们虚伪狡诈,玩弄他人的真诚,戏弄他人的善良,以怨报德、以恶报善,等等。但这种人毕竟是极少数,一旦他们的嘴脸暴露后,必将被人所厌恶和唾弃。

所以,当我们付出真诚,但被一些居心叵测的人所利用、愚弄之后,其实吃亏更多、损失更大的并不是我们自己,而是对方。

做一个真诚的人,才能用一颗开阔的心来感受这个世界,才能安然地享受阳光的温暖;做一个真诚的人,才能在苦难时无所顾忌地放声大哭,高兴时无拘无束放声歌唱;做一个真诚的人,做一个实实在在的人,才能赢得别人的尊敬。

▶身体力行

1. 待人要诚恳,不能有任何轻慢。每个人都是平等的,无论是身体健康与否,是否有财富,大家都是平等的个体。如果我们戴着有色眼镜看人,待人处事分别对待,何谈真诚待人呢?

2. 要有行动。要想获得别人的真诚相待,我们就要从自己做起,真诚地对待别人。如果世界上每个人都多了一分真诚,这个世界就多了一分温暖。

3. 真诚发自内心。发自内心的真诚最让人感动。

4. 请记住这样一句话:真诚对待他人就是真诚对待自己。

▶ 62. 锻炼语言表达能力

语言表达能力是一切人才所不可缺少的能力。语言表达并不是自我吹嘘，也不是弄虚作假、夸大其词，更不是贬低他人来抬高自己，当然，也不是那种故作姿态的过分谦虚，而是实事求是地、勇敢地、充分地表现自己的胆识和才能。

2008 年 11 月 5 日，巴拉克·奥巴马赢得美国第 44 任总统宝座。奥巴马通过运用久经磨砺的演讲技巧，赢得了如潮的好评。

通过一次次演讲，名不见经传的奥巴马成功了！他用激动人心的愿景、催人奋进的语言、令人痴狂的风格点燃了千百万支持者心中的热情，他杰出的沟通技巧为他成功击败强劲的竞选对手、赢得美国民主党总统候选人提名、最终当选美国历史上第一位非洲裔总统提供了最重要的助力。

但是，奥巴马激励和说服成千上万名听众的演讲才能并非与生俱来，也是经过了对演讲技能多年的磨练。

奥巴马演讲时，讲话清晰，节奏起伏，有时快，有时慢，在节奏上的把握会依听众的情绪而定；而且，他在演讲时，会停顿下来思考，最长的一次停顿达 5 秒钟之久。实际上，奥巴马将这种沉静作为一种思考来对待，就好像舞台剧中高潮出现前的静场，接下来的时刻将令人期待。

据说，现在美国，想学奥巴马演讲的人非常之多。而奥巴马旋风也早已从美国吹到了全世界，从加拿大到中国，奥巴马都有很多"粉丝"。

这是一个交流与沟通的世纪。语言表达的用武之地无时、无处不在：沟通思想、自我推介、化解矛盾、汇报工作、竞聘上岗、商务谈判……这一切活动都离不开语言表达。对于我们学生来说，竞选班干部、学习辩论、国旗下演讲……这也都与语言表达有很大的关系。

语言是交流的工具

在生活中，能够在别人面前把想法表达清楚是一种十分重要的能力。因为语言是交流思想感情的最有力工具，语言表达可以准确地把自己的想法和思想感情传递给他人。

所以，我们应该尽早锻炼并提高自己的语言表达能力，要让我们的语言具有激励人的潜在力量。恰到好处的语言表达会让我们在与人交往中受益很大。比如，在同学聚会、宴会以及团队活动中，如果我们能清晰、流畅地发表3分钟见解，我们的个人魅力就会立刻彰显出来，别人也会乐于与我们交往。由此，我们很可能就会得到更多的支持。

从某种意义上说，一个人的语言表达能力就是他的演讲能力。一个有良好语言表达能力的人，能够在动态环境中做到思维与表达同步进行，能够在不失时机的应变性表达里随口而出精妙语言。

一位演讲家的应变

有一位演讲家在演讲中讲错了一句话，但是他并没有重复一遍，也没有直接说他讲错了，因为这两种做法都有损演讲家的风采。当时，他意识到错误后，就立即一变，马上就说："这句话是对的吗？不对！"这其实就是一种应变能力。

语言表达需要训练

良好的语言表达能力并非与生俱来，想提高并不容易，要做好充分的思想准备去刻苦训练。正如伟人毛泽东所说："语言这东西，不是随便可以学好的，非下苦功夫不可。"其实，语言表达能力的提高，也是一个由量变而引起质变的过程。要相信自己能够做得到。

掌握表达的一些技巧

如果现在还不很擅长语言表达，你也不要太着急，试着注意一些表达技巧：

掌握表达的场合。对与自己年龄、身份不同的人说话的语气、措辞是不一样的。比如，可以和自己关系亲密的朋友适度开玩笑，对长辈就不能这样做。

掌握表达的时机。一个人表达的内容即使再精彩，如果没有把握好时机，也可能达不到效果或者干脆起了反作用。所以，我们要学会根据对方的性格、心理、身份以及当时的氛围等条件，考虑自己要表达的内容。

把自己的意思表达清楚。表达自我的最终目的就是要将信息传递给对方，而只有交谈双方对问题概念明确一致，观点才会被对方领会、接受。

表达要自然，不要矫揉造作。会表现的人都是自然地展示自己的美德、才能、特质，是展示而不是表演。成功者从不夸耀自己的功绩，而是让其自然流露，言为心声。要记住：矫揉造作的虚伪表达，结果只能是让人厌恶。

要善于表达自己，积极展示自己，变消极等待为积极争取，这是当今社会需要的一种特质，也是我们应该具有的能力。

▶ **身体力行**

1. 博览群书，扩大知识面，增加知识积累。掌握的知识越多，表达的时候思维就会越活跃，越敏捷，因为各种知识会使我们触类旁通，左右逢源；要做好准备，充分熟悉要讲的内容，这样就可以做到思路清晰。

2. 争取课堂发言。这是提高口头表达能力最简单易行的办法。可以在课堂上踊跃发言，开小组会或班会时积极发表自己的见解，即使是给班上的同学读读报也是很好的训练。

3. 拓展表达面。有意识地培养自己关注周围社会的意识，让自己在周围发生的家事、国事、天下事中寻找表达自我的现实素材。

4. 提高自信心。缺乏自信是表达能力差的主要原因，因此，增强自信心，克服表达恐惧感，提高心理素质也是提高语言表达能力的关键。

5. 抓住机会在众人面前演讲。这不但可以提高我们的口头表达能力，树立自信心，而且还会通过演讲内容向听众传播自己的思想。

63.学会真心地赞美他人

美国作家马克·吐温曾说："一句精彩的赞辞可以代替我10天的口粮。"赞美对每个人而言，都是人生的必需品。所以，我们不要吝啬自己的赞美，要知道，"赠人玫瑰，手有余香"。

某地有一家药店，店主巴洛具有丰富的经营经验。正当他的事业蒸蒸日上时，离他不远的地方又开了一家小店。巴洛十分不满这位新来的对手，到处向人指责那小店卖不好的药，而且毫无配方经验。

小店主听了很气愤，想到法院去起诉。后来，一位律师劝他.不妨试试善意的方法。顾客们又向小店主述说巴洛的攻击时，小店主说："一定是误会了，巴洛是本地最好的药店主，他在任何时候都乐意给急诊病人配药。他这种对病人的关心给我们大家树立了榜样。我们这地方正处在发展之中，有足够的空间可供我们做生意，我以巴洛为榜样。"

巴洛听到这些话后，立刻找到自己的年轻对手，向他道歉，还向他介绍自己的经验。就这样，怨恨消失了。

每个人都希望被别人赞美，人性最深切的渴望就是得到他人的赞美。诗人布莱克曾说："赞美使人轻松。"赞美是一种精明、隐秘和巧妙的说话艺术，它从不同的方面给予赞美的人们和得到赞美的人们满足。

生活处处需要赞美

生活中没有赞美是不可想象的。不要害怕因为赞美别人而降低自己的身价，相反，应当通过赞美表示自己对他人的真诚。"给活着的人献上一朵玫瑰，要比给死人献上一个大花圈价值大得多。"这句话应该记着。

有人说，一个人能赞美别人有多高尚，他的内心世界就有多高尚！当你赞美别人的时候,就好像用一支火把照亮了别人的生活,使他的生活更加有光彩;同时,这支火把也会照亮你的心田,使你在这种真诚的赞美中感到愉快和满足,并激起你对所赞美事物的向往之情,引导自己朝着那个方向前进。

发自内心地赞美别人

一句发自内心的赞美,能让一个困顿中的人重新打起精神,继续踏上坎坷的道路;而一句尖刻的批评则会让一个进取中的人感到心灰意冷,陷入绝望。

真诚的赞美还可以调动对方的积极性,激发他们的潜能,使他们做得更多、更好。对于那些落后的人来说,赞美可以改变他的心态,甚至改变他的一生。

学会真诚赞美,无论对生活,还是对工作,都是非常有益的。真诚的赞美往往会爆出无限美丽的火花。赞美了别人,别人也会适时地回报我们,这会让我们的生活变得更愉快。

不要吝啬你的赞美

赞美与我们交往的每一个人,称赞他们的想法、建议和聪明才智。这样,我们就会获得他们的合作、忠诚和支持。如果对同学说"真诚感谢你的合作,你做得太出色了",那么他一定会乐意和我们进一步合作,并在合作中做得更好。

赞美是不能够勉强的,它是理智与情感融合而达到巅峰的一种表达方式。勉强的赞美,不仅会让自己的心里有不协调的感觉,而且还会把这种情感传递给接受赞美的人。

▶身体力行

1.发现对方的优点。赞美他人需要找到对方的优点,否则赞美不到点子上会令人生厌,反而起不到赞美的效果。

2.区分赞美与奉承。赞美绝不可以是虚伪、低俗的奉承。以极为热切的语气,从内心深处说出的赞美之辞,可以让对方产生深刻的印象。

3.真诚地赞美别人。这不过是片刻之间的由衷之举,而被赞美者会获得长久的幸福感觉,我们也会从中获得回报,何乐而不为呢?所以,要以欣赏的眼光赞美他人,不可以虚伪。

4. 赞美要有新意。陈词滥调式的赞美，已经丧失了吸引人们注意的魅力。而新颖独特的赞美，则会让人回味无穷。

5. 千万不要吝啬赞美词汇。大声说出你的感受，让对方知道你很欣赏他。

▶ 64. 团结互助，与人合作

> 21 世纪是一个合作的时代，随着科学知识向纵深方向发展，社会分工越来越精细，人们不可能成为百科全书一样的人才，团结一心、互助合作已成为人类生存的手段。所以，我们要学会互助与合作。

美国学者朱克曼曾做过一项研究。

他发现自 1901 年诺贝尔奖金颁发以来，286 位获奖者中 2/3 的科学家是与人合作而获奖的。他又以 25 年为一段进行了比较研究，发现与人合作而获奖者，第一个 25 年为 41%，第二个 25 年竟达到 79%。

这就有力地说明，科技越发展，一个人要取得事业上的成功就越需要具备与人合作的良好品质。没有互相关心、支持与合作就很难获得成功。

在社会生活中不与他人合作、万事不求人的人是没有的。社会是人类生活的依靠，合作一开始就是人类谋求生存来源的一种行为方式。

学会合作，终身受益

一位记者曾问一位著名小学校长："您办学校最注重的是什么？"校长回答说："教育孩子理解别人，与其他人合作。在现代社会，如果不能与人相互理解与合作，知识再多也没有用。"这位校长的话告诉我们，学会互助合作是我们应该掌握的一种本领。

善于合作，能与人相处共事，将是未来社会所需人才重要的条件之一。离开这一条不可能成为对社会有用的人,更无法立足社会,无法生存发展。所以,我们一定要学会互助合作,让自己早日受益。一旦学会合作,我们就会在学习的道路上越走越顺利,同时,也为未来事业的成功打下基础,成为社会需要的人才。

在今天,要想让成功的机会大一些,就必须善于与他人合作。合作是一个人、一个群体早日迈向成功的重要途径。

集体力量大于个人力量

就像一首气势磅礴的歌里唱的:"一根筷子,轻轻被折断,十双筷子,牢牢抱成团……同舟共济海让路,号子一喊浪靠边,百舸争流千帆进,波涛在后岸在前。"这正是强调集体的力量。

德国著名哲学家叔本华曾说:"单个的人是软弱无力的,就像漂流的鲁滨逊一样,只有同别人在一起,他才能完成许多事业。"伟大的战士雷锋也说:"一滴水只有放进大海里才永远不会干涸,一个人只有当他把自己和集体事业融合在一起的时候才能最有力量。"

我们每一个人都离不开集体单独生活。每个人都希望能得到集体的关心和爱护,从集体中获取勇气和力量。但是,这一切从何而来? 这一切来自于每个人的相互帮助与合作。只有每个人都热爱集体,关心集体,共同维护集体的利益和荣誉,我们的集体才会充满阳光,才会更有力量!

一个人的成功离不开别人的帮助,离不开与别人的合作。在未来生活中、事业上都需要合作,各种各样的合作。不管在什么时候,在什么地方,永远都要牢记集体力量大于个人的力量,要互助合作。因为互助合作是取得成功的前提条件。

▶ 身体力行

1. 学会换位思考。设想一下,如果自己遇到困难,是不是希望获得别人的帮助呢? 如果是,那就在他人需要时帮助他人吧!

2. 懂得与人合作的重要性。21世纪的成功者将是全面发展的人、富有开拓精神的人和善于与他人合作的人。与人合作是现代人的一项基本素质与技能。

如果一个人不能与他人真诚合作,他就不可能成功。

3. 融入集体,融入团队。在一个集体中,只有团结一致、齐心协力才能办好事情。明白了这个道理,就会融入集体,融入团队,就会自然而然地与他人合作。

4. 在游戏中体验合作。参加游戏活动是培养合作能力最有效的途径,因为在游戏中,我们可以学会逐步摆脱"以自我为中心"的想法和做法。

5. 多参加集体活动,如足球、篮球、跳绳等。在集体活动中,我们能逐渐意识到处处考虑别人的意见,懂得做事要与人合作,逐步培养与人合作的品质。

6. 培养互助合作意识。以开朗、乐观、积极的合作姿态做基石,与同学、朋友、同学,甚至是陌生人和谐相处,培养自己的互助合作意识。

▶ 65. 用心去倾听他人的话

倾听,是一种品质,也是一种艺术。倾听,是一种主动获取信息的方法,也是与人友好交往的基本要求。边听边思考,积极构建自己的认知,是一个人成长进步的重要途径。

一位旅居美国的作家讲了这样一件事:

有一次,我在曼哈顿的一家餐馆用餐,旁边的座位有两个中年的美国白人正在吃饭。看他们的衣着与说话的口气,都是平凡的朴实人物,而他们说话的内容,也不过就是每家都有的家常事而已。

但是,他们舒缓的谈话,充满了一种安静祥和的气氛,当其中某一个说话时,另一个会安静地倾听,眼神中有种真诚、自然地关注;反之亦然。

一位哲人曾说:"上帝给我们两个耳朵,却只给我们一个嘴巴,意思是要我们多听少说。"善于倾听他人在人际交往中是非常重要的。心理学研究表明,越是善于倾听他人意见的人,与他人的关系就越融洽。因为倾听本身就是褒奖对方谈话的一种方式，一个人能耐心倾听对方的谈话，等于告诉对方"你是一个值得我倾听你讲话的人"。

倾听是一种艺术

倾听是一种美德，是一种艺术，更是一种智慧！俗话说："会说的不如会听的。"说话的目的是为了向听话人传递信息，而倾听是为了准确地把握谈话者的意图、流露出的情绪、传播出的信息，并促使对方继续谈下去。倾听本身就是一种鼓励方式，会说话很重要，会听人说话也是一门学问。

黎巴嫩著名诗人纪伯伦曾说："当你的朋友向你倾吐胸臆的时候，你不要怕说出心中的'否'，也不要瞒住你心中的'可'。当他静默的时候，你的心仍要倾听他的心；因为在友谊里，不用言语，一切的思想，一切的愿望，一切的希冀，都在无声的喜乐中发生而共享了。"

在谈话中，一个人不可能总是处于诉说者的位置。所以，善于倾听他人的谈话是使交谈的双方交流畅通无阻的保证。

倾听是一种沟通技巧

缺乏有效倾听往往导致错失良机，产生误解、冲突和拙劣的决策，或者因问题没有及时发现而导致危机。有位企业家曾经说："人与人之间90%的矛盾是由于误会产生，而其中大部分的误会又是由于没能有效沟通造成。"

良好的倾听是一种积极的行为，它需要听者付出努力、全神贯注并作出回应。但是，如果真正做到却并非易事。我们一定要从现在开始培养，才能更好地掌握这一沟通技巧。

人与人之间需要沟通与协作。是否善于倾听，不仅体现着一个人的道德修养水准，也关系到能否与他人建立起一种正常和谐的人际关系。

要学会悉心倾听

我们学会悉心倾听，就等于是掌握了了解别人的金钥匙，就能顺利地赢得朋友。我们善于倾听，也注定会赢来朋友的理解和帮助。因为，想和朋友沟通，必须要学会倾听,如果不能静下心来听朋友讲话,就不会知道朋友在想些什么,谈何交流呢?

所以,我们要善于去接近和爱周围所有的人,要学会倾听他们的倾诉。对你周围的亲朋好友,甚或是不相干的陌生人,在别人最困难迷惑的时候伸出你的手,去用心地倾听,就是一种深爱。我们真诚的倾听,可以带给大家温暖和阳光。

注意在倾听中思考

当然,我们也要注意,如果一味倾听而不加思考,我们就容易迷失。真正的智者善于在思考中聆听来自别处的声音。思考给了我们倾听的基石,倾听赋予思考灵动的色彩,在思考中倾听,在倾听中思考,这是我们摆脱成长迷茫的捷径,也是塑造完美自我的良方。

▶ 身体力行

1. 倾听要专注。专注倾听,就是认真地听对方讲话,不要左顾右盼。

2. 保持平和的心态去倾听。这对倾诉的人是非常重要的,再也没有比这样做更能打动他人的了。即使常发牢骚的人,甚至最不容易讨好的人,在一个有同情心和平和心态的听者面前,也常常会软化而屈服下来。

3. 在倾听过程中发问。采取这种询问的方式,可以探索出更多的信息,并可以适时引导对方的谈话方向,以获取自己所需要的信息。

4. 积极主动倾听。作为一个好的沟通者,在聆听时必须是积极主动的,必须不断地探究对方到底是什么意思,才能真正听懂对方所说的话。

5. 不争论。不要当场提出批判性意见,更不要与对方争论,尽量避免用否定式的回答。

6. 多听少说。不随意打断他人的讲话。

7. 站在对方的立场。倾听对方,最好能够在对方讲完后做简单复述。

8. 倾听时,避免不当的肢体语言。如突然将手交叉摆在胸前并往后退,这表明你正抗拒或不同意这个人的观点。

▶ 66. 说话时一定要谨慎

言语是人与人之间沟通的桥梁,一句有益的话可以直入人心,让人茅塞顿开。一句无益的话也许会伤害别人的心,也伤害了彼此的感情。俗话说:"祸从口出。"所以,说话是一门很大的学问。

据报道,王某开玩笑把自己开进了拘留所。

原来,3月31日晚上,他给长途电信大楼的打电话:"明天你们不要上班了,有人要炸长话大楼。"值班员李小姐接到他的电话后,马上把情况报告给领导,公安机关也很快接到了报案,并查明了王某的情况。当夜,派出所和驻所刑警队突袭王家。王某当时正在酣睡,他见到警察颇感意外。

王某从睡梦中清醒过来后,他解释道:"这纯粹是开玩笑,我没有要炸长话大楼的意思,明天不是'愚人节'嘛!我就想和他们开个玩笑。"到了派出所,王某傻了,他没想到后果会这么严重。

王某是某酒楼厨师。他单位的同事和朋友得知王某被抓的事情后,纷纷到公安局说情:"他平时就喜欢和同事开玩笑,大大咧咧的习惯了。"民警说:"开玩笑?那也得讲分寸啊!"

最后,王某被依法治拘留15天。

说话不谨慎,就容易给他人、给自己带来麻烦。王某所开的极不严肃而且荒唐的玩笑,惊动了公安机关,也让自己尝到了乱开玩笑的苦果。

玩笑不是随便开的

开玩笑一定要讲究场合,适合场合的玩笑才能起到好的作用。如果不讲究开玩笑的时间和地点,那么开玩笑就会适得其反,让别人感到反感,或者带来不好的影响。

语言是人与人之间交流的主要工具，一句幽默的玩笑话也许会使大家感到开心快乐。可是，如果玩笑话不讲究分寸，就会引出很多不必要的麻烦。

言语一定要谨慎

言语谨慎是一个人的素质修养。一个考虑问题很周到的人，一定是个言语谨慎的人。他也会开玩笑，说些幽默的话，但这些玩笑话都是别人心理能接受并认同的。不注意分寸的人，走到哪里都不会受到大家的欢迎。

注意约束自己的言行

在与他人相处中，经常有一些人常为一些鸡毛蒜皮的小事争得面红耳赤，谁都不肯甘拜下风，有的甚至大打出手。可是，事后静下心来想想，当时若能忍让三分的话，也许就会大事化小，小事化无，言归于好了。

越是有理的人，如果表现得很谦让，就越能显示出他的胸襟坦荡、富有修养，就更能得到他人的钦佩。相反，那些总是吹毛求疵、喜欢批评说教的人是不讨人喜欢的。因此，越是有理，就越要约束自己，做一个肯理解、容纳他人的人。

君子贵讷于言而敏于行

《论语》里说："君子贵讷于言而敏于行。"孔老夫子是要告诉人们，要谨慎地思考问题，要善于把思想化为行动，切忌说些空话，只想不做。

在生活中，"说空话而不去做"的事例却数不胜数。比如，遇到社会上一种不文明的现象，总有很多人破口大骂，但当他自己遇到这种事时，也许会做得和别人一样，甚至不如别人。这些都是"敏"于言而"讷"于行的表现，都是只说空话，而不干实事。

所以，遇事不能只是大谈想法，而要去实践。《史记》里说："桃李不言，下自成蹊。"有实力的人不用自吹自擂，声名早已远扬。无论处在什么位置，用实力说话的人，才能安身立命，处于不败之地。

▶ 身体力行

1.说话实事求是，不夸张。在与人交流的时候，人们很容易不自觉地夸大事情的真相,或者抬高自己。在说话的时候要注意实事求是,不要为了达到某个目的说些和实际情况不符的话。

2. 在人前不要随便夸赞自己的成绩。要知道,越是饱满的稻子头越低,越是不成熟的稻子头抬得越高。人也是一样,越是成熟的人言语越谨慎谦虚,越是幼稚的人越是喜欢在别人面前炫耀自己。

3. 不说谎话欺骗别人。在与人交往中,最忌说谎话欺骗别人。其实,欺骗别人就是欺骗自己,一个谎言需要更多的谎言去掩饰。与其说谎话损害自己的人格,还不如安下心来,踏踏实实地去做些事。

4. 注意提升自己的道德修养,慢慢改善说话的纰漏和不足之处。

▶ 67. 让自己变得幽默一点

幽默是一种智慧的表现,一个具有幽默感的人到处都会受到欢迎,他可以化解人与人之间的很多冲突或尴尬。幽默的人一般会使人由怒转乐,变得豁达,当然也可以带给人快乐。

有一次,布鲁法官请约克逊将军把他的军事秘密告诉他。他们是好友,将军不想拒绝法官的请求,怕他难堪,而同时又觉得不能告诉他,于是他这样说:"法官大人,你能绝对保守秘密吗?"将军问。

"将军阁下,那当然,我一定能做到。"法官说。

"那么,法官大人,我也能够。"将军答道。

法官听了这种很巧妙的拒绝,心中不但没有感到不高兴,而且觉得很有趣。多年以后,当他们回忆起这件事的时候,还都觉得很有意思。

幽默是一种气质、一种胸怀,更是一种智慧、一种人生的哲学,是非常宝贵的一种交际技能。幽默风趣可以让一个人的胸怀更广阔,生命更美好。和有幽默感的人相处，就能感到他身上的智慧。

幽默有巨大的力量

著名作家林语堂曾说："幽默如从天而降的湿润细雨，将我们孕育在一种人与人之间友情的愉快与安适的气氛中。它犹如潺潺溪流，或者照映在碧绿如茵的草地上的阳光。"是的，幽默就好像温润的细雨、潺潺的溪流、融融的春光，孕育着人与人之间愉快、祥和的气氛；幽默有着巨大的力量，可以化干戈为玉帛，使剑拔弩张的双方相视一笑，握手言和。

幽默是热情的助燃剂

幽默是热情的助燃剂，使人们找到更好的心境状态，发现生活中的乐趣，并对生活充满热情。事实上，这并不是因为笑话有多么好笑，是因为幽默自身存在的力量。人们在心理上有主动接受幽默、享受快乐的特点。

一个人如果能在人们眼中成为幽默的代表，能够为其他人带去好心情时，那么，别人也会更加乐于和他接触、协作，而他也可以在相互接触的过程中，继续用幽默来推动相互了解的深度，同时调整自己。

保持一种幽默风趣的人生态度，不仅能够表现一个人的睿智，而且可以给他人、给自己带来快乐。

幽默是一种交往能力

幽默是一种重要的人际交往能力。不同的年龄，幽默的作用也不一样，但它自始至终都能有助于我们与人相处，并能帮助我们应付一系列问题。一个幽默风趣的人会不失时机地抓住事物有趣的一面，分寸得当地以诙谐的语言和动作，表达出自己的思想和意愿，甚至会化解尴尬。

美国著名演说家罗伯特，头顶上很难找到几根头发。他60岁生日那天，很多朋友来给他庆贺，妻子悄悄地劝他戴顶帽子。罗伯特却大声说："我的夫人劝我今天戴顶帽子，可你们不知道，光着秃头简直太好了，我是第一个知道下雨的人！"这句幽默的话一下子使聚会的气氛变得轻松起来。

幽默是人际交往的润滑剂,说话幽默风趣的人,往往善于发挥语言幽默的作用,能够及时调整气氛。幽默者的情绪乐观,生活愉快而充实。

幽默必须真实而自然

有一点要注意,幽默必须真实而自然,没有耸人听闻,也不哗众取宠,更不是做戏。否则,附庸风雅,企图以廉价的笑声来博得听众的欢心,结果也许是真的引起了别人的笑声,但很可能是笑他滑稽的形象和浅薄的为人。

▶ **身体力行**

1. 学会乐观。幽默的人都是积极乐观的人,都是达观超脱的人,都有一颗健康活泼的心,对生活充满信心,宽容平和。

2. 对生活充满热忱。幽默来自于内心对生活的热忱,一个心胸狭窄、思想消极,对生活没有任何兴趣的人是不会有幽默感的,幽默属于那些心地宽广、对生活有着无限热情的人。

3. 把握幽默的度。幽默一定要有度,将玩笑开得太过分,往往就弄巧成拙,伤害亲人和朋友的心。所以,一定要掌握玩笑的度和禁忌。首先,不要把自己的快乐建立在他人的痛苦之上;其次,不能以"牺牲"他人为代价来"制造"玩笑和幽默;再次,不要开低级玩笑。

4. 丰富有关幽默风趣的素材。只有知识和见闻丰富的人,才能通情达理、分析透辟、入木三分,语言表达上也才能运用自如、妙语连珠、诙谐动人。在日常生活中,注意积累丰富的幽默词汇,这有助于表达幽默的想法。可以有意识地去搜集一些幽默的趣事、趣话、小笑话、动作、漫画等来丰富幽默素材。

5. 尝试自嘲。开别人玩笑,有时会惹人不高兴;开自己玩笑,就简单多了。能够这样自嘲的人,就会在话里话外充满幽默的语言,让人喜欢。

▶ 68.交几个知心好朋友

> 知心朋友，就像一颗种子，只有把它种在宽容的土壤中，它才能生根发芽；只有用理解的水浇灌，它才能茁壮成长。人生，就是一次旅行，有知心朋友陪伴，旅程才不会孤单。得一良朋，会让我们终身受益。

有两个伙伴一起到处游玩，他们互相约定：同生死，共患难，决不相互遗弃。

一天，在一条偏僻的小道上，他们遇到一只大熊。在这危急关头，一个伙伴飞快地跑向路旁的一棵小树，爬了上去。另一个伙伴跑得慢，他一看，已经没有其他出路了，只好躺在地上，屏住气，四肢一动也不动，装死。

大熊走过来，朝他俯下身子，用爪子把他翻过来转过去，还舔舔他的脸。最后，熊走开了，因为熊不吃死人肉。

熊走远后，那个伙伴才从树上爬下来。他问这位装死的朋友："你躺在地上时，熊伏在你耳边讲了些什么？"

这个伙伴回答说："它给了我一个忠告：患难之交才是真朋友。"说完，他毅然离开了他的伙伴。

人生不能没有朋友。但是，芸芸众生，应该怎样去选择益友呢？鲁迅曾说："人生得一知己足矣。"可见，朋友之道不在于多，而在于精。俗话说："近朱者赤，近墨者黑。""近贤则聪，近愚则聩。"所以，交朋友要有选择，要非常慎重。

交益友，不交损友

在生活中，有两类朋友，一类是狐朋狗友，另一类是知心朋友。狐朋狗友则为小人之交，而知心朋友则是君子之交。正所谓："小人之交甜如蜜，君子之交淡如水。"其实，真正的朋友不在乎有什么甜言蜜语，而是心灵的沟通，精神的共鸣。

孔子曾提出这样一个择友原则："友直、友谅、友多闻，益矣；友便辟、友善柔、友便佞,损矣。"也就是说,在生活中与三种人为友是有益的,一种是"直"友,"直"是指正直,就是指交友要选择那些正直、爽快的人为友;第二种是"谅"友,谅是指代诚信,就是说要选择诚实守信的人为友;还一种是"多闻",也就是说要选择那些博学多闻、见多识广的人为友。与这样的人交友才有益。而与那种谄媚奉迎、心术不正、华而不实的人交友,则有害。

朋友之间就是应该这样,互相理解,互相包容。那种互相吹捧、阿谀奉承的朋友,不是真正的朋友,不是对我们有益的朋友,而是靠着利益建立起来的暂时的关系,一旦利益关系结束,互相联系的基础也就消失了,友谊也就断绝了。

交有德行的挚友、诤友、密友和学友

这样的朋友应该结交:挚友,恳切、真诚,以感情和原则为重的真心朋友;诤友,敢于直言规谏,直陈人过,积极开展批评与自我批评的朋友;密友,能"缓急与共,生死可托"、亲密无间、感情浓厚,能同甘共苦的朋友;学友,勤于学习或知识渊博的朋友。这些朋友有一个共同的前提,就是德行要好。

好朋友贵在知心

一个知心朋友,当他的朋友遇到好事时,他就会真心地感到高兴;当朋友有错误时,他就会真诚地指出来;当朋友遭受痛苦时,他就会守在朋友的身边,鼓励、支持朋友;当朋友发生危险时,他就会舍弃自己的一切去保全朋友……

知心朋友不需要对你说冠冕堂皇的话,在你最需要别人帮助时,他的一个眼神足以令心中的任何伤口愈合;一个击掌,会把所有的欣喜激活;一个微笑,足以把任何误解化解。真正的朋友之间的友谊不可以用金钱或是物质来衡量,那是百万买不到金银换不来的感情,是真正的友谊。

自古以来,古圣先贤对知心之交的感情高度崇尚,曾有"人生得一知己足矣,斯世当以同怀视之"之说法,也有"有朋自远方来,不亦乐乎"之感慨,还有"人之相识,贵在相知;人之相知,贵在知心"之建议,更有"莫愁前路无知己,天下谁人不识君"之佳句,可见人们是多么看重友谊,有缘才能相遇,有心才能相知。

知心者可贵,知己者难求!真正知心的朋友是老天给予我们的赠予,得到这份礼物,生命才会更加精彩!

▶ **身体力行**

要培养自己的交友品质,注意以下五点要素:

1. 平等的观念。平等心是对他人的一种尊重。

2. 真诚的心。一个真诚的人,从来不会虚饰他的本性。庄子说:"真者,精诚之至也。不精不诚,不能动人。"一个待人真诚的人,必定会受到别人真诚的回应。"真诚相待,诚则交之,疑则离之。"朋友之间最为难得的就是真诚相待,只有真诚的友谊是永恒的。

3. 宽容的品性。要用宽广的胸怀包容他人,不要找理由去挑别人的毛病,对别人的要求不要苛刻。处处体谅别人、替别人着想,又能根据朋友的劝告时常反思自己,这样的人才能交到真正的朋友。

4. 要学会付出。交朋友要随时准备伸出援手去帮助、去给朋友带来好处。如果只想从朋友那里得到好处,对于朋友的请求置之不顾,很难得到真正的朋友。

5. 要讲诚信,与人交往要讲信用。一个说话总是不算数、惯于欺骗别人的人,肯定得不到大家的认同。自然,也就没有人愿意接受他做朋友。

▶ **69. 克服害羞胆怯心理**

害羞胆怯是一种心理情绪,每一个人都有过羞怯的经历,这很正常,只是羞怯的程度和时间长短不一。如果偶尔羞怯,对我们来说基本上无关紧要;但如果总是羞怯,那就应该考虑去克服它了。

张斌今年正读大一,尽管都已经是十八九岁的小伙子了,但他与别人接触时总有一种恐惧感。见到人,尤其是陌生人,张斌就会脸红,如果与他们在一起的话,就会莫名其妙地紧张。

当张斌与别人并肩坐在一起的时候,心中总是想要看看别人,这种欲望十分强烈,但又因为害怕而不敢转过脸去看。如果因为有事情必须和他人接触时,不论对方是男生还是女生,一走近对方,就会感到心慌、神情紧张、面部发热,不敢抬头正视对方,如果与陌生人坐在一起,相距两米左右时,就感到焦虑不安、手心出汗,神情也会十分不自然。

由于这个原因,张斌十分害怕与别人接触,进而害怕到教室里去上课,尤其是小教室,以至于严重影响了学习成绩和正常活动,内心感到十分痛苦。

对我们来说,羞怯心理似乎是一种与生俱来的弱点。具有羞怯心理的人一方面对自己缺乏信心,不喜欢在公共场合亮相,也不愿意与他人竞争,做事犹豫不决,表现得十分不善于交际。过度羞怯会让人变得消极保守,容易沉溺在自我的小圈子里,从而不利于人生的成功,甚至有可能会造成某种心理障碍。

羞怯的原因

羞怯的主要原因是自我意识增强而社交经验不足,于是就担心受到他人的非议,感觉就像全世界的人都在注意他;为青春期的变化感到窘迫,在社交上缺乏自信心;在这一时期如果受到挫折、打击或嘲笑,就会产生长期的羞怯感。

羞怯的危害

羞怯会严重影响一个人的学习、工作、生活和社会交往。

对我们来说,害羞往往会让我们处于被动状态而不是主动和大胆的状态。羞怯的同学感到主动结交新朋友很困难,所以他们的孤独感往往会十分强烈,有些同学因为害羞而闭关自守,与人隔绝,当他们真的与人相处时,又常常不愿意中断关系,希望避免为寻求宝贵的友谊而遇到的困难,结果,他们结交的朋友当然不会是最理想的。

害羞的同学常常会感到很自卑,他们普遍对自我形象持一种否定的态度。例如,羞怯的同学总是认为自己相貌平平,没有什么魅力,从而变得很悲观。

羞怯心理一定会束缚我们人生前进的脚步,阻碍我们人生的发展。所以,我们一定要从内心克服羞怯心理，勇敢地面对生活中的任何人、任何事。

通过学习克服羞怯心理

羞怯并不是天生的。据统计，羞怯的成人中有25%在儿时并不如此，也有相当多的害羞儿童克服了这一毛病，长大后不害羞了。所以说，羞怯完全可以克服。要想克服羞怯心理，只能通过慢慢学习来逐步改善。只要我们愿意付出努力，并在有效方法的指引下，就能与羞怯心理彻底告别。

在克服羞怯心理的初期会使羞怯者有不自然甚至是难受的感觉，不过，一旦成功克服羞怯心理，就会在和别人交往或个人的前程上铺上一条平坦的道路，生活将会变得更加潇洒自信，阳光灿烂。

▶ 身体力行

1. 培养自信心。可以在别人的指导帮助下完成一件过去想都没有想过的事，并逐渐达到可以自己完成的程度等，从而帮我们树立自信心，摆脱羞怯心理。

2. 有意识地多与周围的人接触。在和他人交谈中不要踌躇畏缩，应该多想一下自己的优点和长处，大胆地表达思想。

3. 把一切担心往好的方面想。也就是说，不要在乎那些害怕心理，这样慢慢就会发现自己变成了另外一个人，就会有勇气去行动。

4. 坐在显眼位置。害羞的人常喜欢躲在角落，因为他不愿意让人注意到自己，因而证实了"没人关心自己"的想法。改掉这个坏毛病，让别人有机会关注你。

5. 结交知心朋友。首先可以和亲戚的孩子一起玩，克服交往的恐惧心理，然后再在同学中交志同道合的朋友。

6. 做深呼吸。如果在人多的场合感到羞怯时，可以立即做几次深呼吸，把注意力从自己身上转移开，听听他人的谈话。

▶ 70. 早日走出抑郁阴影

抑郁是禁锢我们心灵的枷锁,会严重困扰我们的学习和生活。所以,我们一旦发现自己有抑郁情绪时,千万不可掉以轻心,一定要及时调整,提醒自己抓紧时间克服或诊疗,避免发展成抑郁症。

王皓 15 岁,正读初中三年级,5 个月前突然开始出现失眠、头晕、头痛、胸闷、心慌、上腹不适等症状,整天胡思乱想、无精打采、郁郁寡欢、精疲力竭、度日如年,对前途悲观绝望,对本来感兴趣的学习和学校生活失去了兴趣,不复习功课,不愿外出,不愿上学。

他向家人念叨着:"现在我对中考已经失去了信心,不想再去学校,不想念书了。"有时在父母劝说下即使回到学校,上课时也多是发呆,还说感到脑子不灵了,记忆力下降,注意力不集中。晚上难以入睡,躺在床上辗转反侧;早上醒得很早,常常清晨四五点就醒了,发愁这一天怎么过。自信心下降,自觉低人一等,总觉得自己是一个废人,连累家人,很想一死了之,曾多次自杀未遂。

这是一个典型的青少年抑郁症的病例。青少年处于充满活力和正常变动的心理状态中,由于心理不成熟、不稳定,他们还没有具备适当的能力和技巧去应对挫折,加之目前的学习压力较大,所以很容易产生抑郁情绪。如果长期压抑,抑郁情绪就有可能成为抑郁症。

有人把抑郁形象地称为"心灵的流感",可见抑郁情绪已经十分普遍。

抑郁的表现

抑郁是一种比较持久忧伤情绪体验,并伴有躯体不适和睡眠障碍的问题,多发于青少年,而且女孩多于男孩。抑郁的主要特征是情绪低落,少言寡语,喜欢沉思，精力不足，遇事悲观，回忆过去谴责自己，面对现实困难重重，展望未来缺乏信心，有明显的自卑感。

对我们来说，抑郁主要表现在学校发生过一些矛盾，从而感到环境压力，常心烦意乱，郁郁寡欢，常逃学，要求调换学校，对一些喜欢的事情失去兴趣，情绪低落，学习不集中易疲劳失眠、头晕胸闷不愿与父母交流，不管父母对错都会去抵触，严重时会出现自杀的意识和行为。所以，抑郁的危害十分严重。

抑郁的原因

抑郁心理是怎样造成的呢？原因复杂多样，通常由心理社会因素所诱发，如学习困难、人际关系紧张、亲人分别、意外伤残等以及严重的躯体疾病等因素，使人担心、焦虑，以至发生苦闷、沮丧和抑郁。时间一长，抑郁的情绪会缓慢迁延，很难驱除。知道抑郁是怎么回事，我们才能有效走出抑郁的阴影。

注意调整心态

我们不要武断地认为自己所处环境压力重重，也不要因此而心烦意乱、郁郁寡欢，不要期待调换班级或学校，那样无助于抑郁的改变，可能还是会继续认为环境不尽如人意而再次要求改变。我们应该做的就是调整心态，安心学习。

重视抑郁症

抑郁症对人类造成了极大的困扰，每年都有大批的抑郁症患者陷入失眠、恐惧、绝望的境地之中，有的甚至走上了自杀的绝路。在很多著名高校，几乎每年都有硕士、博士、教授等跳楼自杀的事件发生。因为患抑郁症而长年失眠的人更是不计其数。所以，我们无论怎样重视抑郁症都不为过。

抑郁是我们不能忽视的严重问题，因为一旦走近抑郁，就等于一步一步地迈向人生的弯路，自己的一生可能就会随之发生难以预料的改变。如果患上抑郁症，必须尽快找心理专家咨询诊断，以便得到及时治疗。

▶ **身体力行**

1. 学会调整情绪。在遇到压力时,一定要以乐观的态度看待问题,相信这不是对自己的一次打击,相反,而是对自己能力的一次提高。

2. 学会全面看待问题。世界上的事情没有绝对的,每一次危机背后都会有一次机遇,要懂得在困难面前思考分析,不把时间浪费在犹豫和自责上。

3. 建立自信。敢于表达自己的想法和感受,从而有效缓解压力。

4. 多加强体育活动。可以试着选一些自己感兴趣的事或增强信心的音乐,这样对自己远离抑郁有很大帮助。

5. 学会合理评价自己,懂得自我赞赏。要对自己有一个清醒的认识,了解自己的优势和劣势,学会扬长避短。

6. 放弃不合实际的幻想。要脚踏实地地生活,多一分宽容,少一分贪求。

▶ 71. 不给自己套上猜疑枷锁

> 猜疑是人际关系的大敌,一旦陷入猜疑的误区,就会活得很累。生活在猜疑中的人,总是郁郁寡欢,缺少内心的宁静,时间一长,就会让心中的压抑聚拢,从而形成问题心理,会害人害己。

两个人结伴横过沙漠,水喝完了,其中一个人因为中暑而不能行动了。剩下的那个健康而饥渴的人对同伴说:"你在这里等着,我去找水!"然后,他把手枪塞给了同伴,说:"枪里有5颗子弹,记住,3小时后,每小时对天空鸣枪一次,枪声会指引我找到你的位置,我就能顺利找到你。"

两人分手后,一个人满怀信心地去找水了,另一个人则满腹狐疑地卧在沙漠里等候,他看着手表,按时鸣枪,但他很难相信他的同伴会听到枪声。他越来越恐惧,认为同伴一定是找水失败,中途渴死了;一会儿又猜测同伴肯定找到了水,却离他而去。看来,人是靠不住的,尽管我没有得罪他。

到应该击发第5枪时，这个人绝望了，他悲愤地想："这是最后一颗子弹了，他早已经听不到枪声了，等这颗子弹打出去后，我还能指望什么呢？看来，我只有等死了。在临死前，那些秃鹰一定会啄瞎我的眼睛，那时，我是多么痛苦啊！还不如……"于是，他把枪口对准自己的太阳穴，扣动了扳机……

不久，那提着满壶清水的同伴领着一队骆驼商旅循声而至，但他们找到的仅是一具尸体……

由于自己想当然的胡乱猜疑导致自己命丧沙漠，强烈的恐惧和猜疑最终没有战胜信任，从而酿成了巨大的悲剧。

所谓猜疑，就是指在没有确切根据的情况下，主观臆断地作出不利于自己的判断。猜疑的人也会因为猜疑而影响正常的人际交往，从而影响到生活的幸福。

猜疑会害人又害己

猜疑会让一个人产生很多痛苦的细胞，从而让他彻夜难眠。猜疑历来都是害人害己的祸根，一个人一旦陷入猜疑的枯井，就一定会处处神经紧张，事事捕风捉影，就会对他人失去信任，同样也会对自己心生疑窦，严重影响身心健康。

很多时候，猜疑会让一个人失去很珍贵的东西，酿成大错，一旦醒悟，就会后悔莫及。可以说，猜疑是一种致命的毒素。

误会引起猜疑，猜疑产生误会，这是每一个人都会遇到的怪圈。而要走出这个怪圈。就需要优化自身的心理素质，拓宽心怀，对他人要有充分的信任。正如古人所说："长相知，不相疑。"我们应该相信他人，理解他人。这样，我们才能让自己从猜疑的枷锁中解脱出来。

我们也会经常遇到一些猜疑心很重的人，他们整天疑心重重、无中生有，认为人人都不可信，不可交。比如，看到几个同学背着他讲话，就会怀疑是在讲他的坏话；有时老师对他态度稍微冷淡一点，他就会觉得老师对自己有偏见等。

猜疑就好像一条无形的绳索，它会捆绑我们的思路，会让我们远离朋友。一个喜欢猜疑的人常怀一颗嫉妒心，一定会整天闷闷不乐、郁郁寡欢、自我封闭，把自己与外界信息和人间真情阻隔开来，不能与同学、朋友好好相处。当然，他也不可能结交到真心朋友,会变得自卑、怯懦、消极和被动。

别让猜疑偷走我们的幸福

与他人真诚地相处吧！别让互相猜疑钻了空子,在遇到事情时多往好处想。有许多事情,别人本来是无心的,可是自己却偏偏往坏处想,于是越想越不对劲。许多事情并不是别人对你有成见或作出了不利于你的行为,而是因为你的多疑而产生了错觉。有时,猜疑会毁掉一个人甚至是几个人的幸福。所以,一定不要让猜疑偷走我们的幸福。

▶ 身体力行

1. 学会理性思考。当我们发现自己产生怀疑时,应该保持冷静,切忌感情用事。可以在开始先综合分析一下对方平时的为人、经历以及与自己交往的表现,这样的思考有助于将错误的猜疑消灭在萌芽状态。

2. 提高自我调节力。在人生旅程中,难免会遭到他人的议论和误解。这时,我们应该提高自我调节力,不要把这些放在心上。

3. 切勿轻信流言。猜疑的火苗在“长舌人”的煽动下,会越烧越旺,导致一个人失去理智。所以,当我们听到流言时,一定要保持冷静,不要上当受骗。

4. 注意加强交流。一个善于交流的人,也会自己解除疑惑。很多猜疑源于相互之间的误解,如果是这种情况的话,我们就应该通过适当的方式,敞开心扉,两人坐下来交流。通过谈心,可以各自了解对方的想法,消除隔阂、排解误会。

▶ 72. 远离焦灼忧虑的心理

焦灼忧虑是指对环境中一些即将来临的、可能会造成危险和灾祸的,或者要作出重大努力的情况进行适应时所发生的一种心理状态,是一种忧虑、恐惧和焦灼不安兼而有之的情绪反应。

16岁的李凡自小学到初中，学习成绩较好，考入高中后，成绩落到中下水平。高中一年级时，在课堂上和老师发生冲突，受到严厉批评和冷遇，心里非常害怕。事后他的母亲找老师做了些"工作"，老师就找他谈话，表示关心。"我以前认为老师是世界上最神圣的人，现在感觉不过如此，太令人失望了。"李凡这样说。

看到同学中发生的种种矛盾和不良现象，李凡觉得太没意思，不想和同学交往，人际关系淡漠，同学都说他怪。他渐渐产生了"世上无好人"、"防人之心不可无"的不良心态，有被社会遗弃和最终被淘汰的感觉。即使心里有话也不敢对别人说，偶尔说了，又非常后悔、紧张、苦恼，以至于失眠。

这种焦虑症状已经持续了一年多。面对自身症状，李凡这样描述自己："有时莫名其妙地感到紧张、焦虑，四肢发软。思维停止、坐立不安，感到压抑，有时想哭，但又哭不出来，为了一件事，会反反复复地想。"

这是一个典型的慢性焦虑症的案例。慢性焦虑症常与学习、工作和生活紧张、受挫以及人际关系不良等心理因素有关。常出现心跳、胸闷、气促、头昏、眼花、疲乏、震颤等症状，会出现睡眠障碍，如入睡困难、做恶梦、易惊醒等，这些一般都是慢性焦虑症的重要特点。

焦虑与恐惧不同

焦虑是针对预感到的未来的威胁出现的，与恐惧不一样，后者是对客观存在的某种特殊威胁的反应。正常人的焦虑是人们预期到某种危险或痛苦境遇即将发生时的一种适应反应，或为生物学的防御现象，是一种复杂的综合情绪。

焦虑的危害

焦虑是一种复杂的综合性情绪，也可以是所有心理疾病的一种症状。病理性焦虑是一种控制不住，没有明确对象或内容的恐惧，其焦虑的程度与所预料到的威胁很不相符。

医学证明，焦虑是使人寿命减短的最大因素之一。因为焦虑是与抑郁、紧张和惊恐是互相联系的。它们对人类的伤害超过了很多疾病。许多疾病都是来自焦虑。长期处于焦虑状态还有可能引发身体病变，如高血压、糖尿病、心脏病等，决不能等闲视之。

焦虑与日常生活有关

对我们来说,焦虑的情形也时有发生。焦虑就是人生的樊篱,甚至可以说,焦虑会毁掉人生的幸福。有一项调查显示:青少年的焦虑情绪正严重影响他们学习成绩和人际交往能力,在学业综合评比及人际交往能力方面全班排前20%的青少年,不是因为特别聪明,而是他们的焦虑情绪更少。

我们的焦虑情绪与生活的动荡程度也息息相关,比如,频繁转学、转班,跟随父母搬家,刚刚结识的朋友又要分开,这些都使我们的情绪变得焦躁和不稳定。

焦虑是可以克服的

有人说,焦虑是沙,过了若干年再想想曾经的焦虑,不只是找不到当时焦虑的感觉,而且连焦虑本身也好像风中的细沙,甚至让你怀疑它的存在。可见,焦虑完全可以克服。

一般来说,焦虑症的诊断主要依靠心理专家。但是,我们也可以对自己的状态进行自评,以大致估计自己的焦虑状态。焦虑的确是摧毁一切的恶魔,我们一定要努力走出焦虑,因为人生不需要焦虑,只有告别焦虑,我们才能真正开创属于自己的美好生活。

把握缓解焦虑的原则

对于我们来说,应该特别注意把握缓解焦虑心理的相关原则:第一,要给自己放松的机会,在现实生活中不要把自己逼得太辛苦,要知足常乐,懂得平心静气,毕竟绝对完美的事情不存在;第二,对生活也要有正确的认识,遇到困难需冷静,在全面分析后再寻求解决方法;第三,要有坚定的信念,相信天无绝人之路,山穷水尽之后必会柳暗花明。

▶ 身体力行

1. 有规律地进行松弛训练。如绘画、种花、家务劳动、听音乐、读中华经典书籍等,对焦虑症的缓解也有较好的效果。

2.积极寻求心理专家的帮助。在心理专家营造的指导、劝解、疏导和调整环境中，逐步恢复自己的正常心境。

3.积极寻求家人和朋友在心理、生活上的关怀和帮助。这样也有助于满足自己正当的心理需求，维护静逸的心境。

4.清除恐惧，树立信心。对此有一个正确的认识，消除对焦虑情绪的神秘感和恐惧感，从而树立战胜这种情绪的信心。

5.适当做运动。对我们来说，快乐地运动可以有效缓解焦虑的情绪。比如，我们可以尝试荡秋千、放风筝、垂钓、双手接球等。

73. 不谈论别人的隐私

不要认为关心朋友的隐私，是通向关系密切的途径，或是一种关系密切的表现。其实，有些东西是不便与他人分享的，所以，我们不要去了解他人的隐私，更不要去谈论他人的隐私。

古时候，有一个小国的使者来到大国，向大国进贡了3个一模一样、金光灿灿的金人，这可把皇帝高兴坏了。同时，那个小国的使者提出了这样一个问题：在3个金人中，哪个最有价值？

皇帝请来工匠，检查做工细致不细致，称重量大小等等。他想了很多办法，结果3个金人一模一样。到底该怎么办呢？这可把皇帝愁坏了，一个泱泱大国，总不会连这么一个小问题都回答不出来吧？而且，使者还在外面等着答案呢。

最后，有一位老臣站了出来，说他自有办法。于是，皇帝将使者请到大殿，老臣胸有成竹地拿出了三根稻草。他把一根稻草插入第一个金人的耳朵，稻草直接从另一只耳朵出来了；他把第二根稻草插入第二个金人的耳朵，稻草直接从嘴巴里出来了；他把第三根稻草插入第三个金人的耳朵，稻草直接掉进了肚子里。

老臣说："第三个金人最有价值！"使者没有说话，默认了答案。

与人交往,少说才能使人沉稳,少说才不至于使人惹祸上身,更何况我们面对的是他人的隐私。对于他人的隐私,不管是他人愿意告诉我们的,还是我们无意间知道的,我们都不要去宣扬,宁愿让它深藏在自己的肚子里。

人有私,切莫说

每个人都有自己的心灵空间,都有自己的隐私,有些是深藏在内心深处的,是羞于见人的,有些只愿意让自己最信任、最亲近的人知道。总之,对于自己的隐私,我们都不希望让其他人知道,更不希望被人公之于众。所以,《弟子规》上说:"人有私,切莫说。"

古希腊哲学家亚里士多德也曾说:"谈论别人的隐私是最大的罪恶。"揭开了他人的隐私,对他人是一种伤害,自己也得不到任何好处。有时候,对自己来说,可能是一件很危险的事。

朋友间应该保守隐私

朋友相处在一起,彼此保守着隐私,并不是对他人的不信任,而是对他人的尊重,同时也是对自己的负责行为。如果我们知道了他人的隐私,我们不应该去到处传播,这既是对他人的尊重,也是一种明哲保身的方法。

朋友之间保守隐私,这并不能说明朋友间关系疏远。相反,明智的人会认为,这样会使双方的友情更加可靠。所以,在朋友不愿意公开隐私时,我们不要去强行追问,更不能因为朋友之间关系好,就悄悄打听、偷听或偷看朋友的隐私。

每个人都有自己的伤疤,但伤疤是不能揭开的,越揭开就越会发炎,难免会使伤口越来越大。其实,了解他人的隐私,就如同揭开他人的伤疤,这是朋友之间相处最大的忌讳。所以,我们不要刻意去了解他人的隐私。

如果我们不假思索地把他人的隐私说出去,难免会颠倒是非。而且,说出去的话就如同泼出去的水,是收不回来的,这必定会给他人造成不良影响。

不窥探他人的隐私

有的人就喜欢窥探他人的隐私,以此来满足自己的欲望,而且还把他人的隐私编得有声有色，夸大其辞见人就说，人世间不知道因此而发生了多少悲剧。要知道，即使是偶尔谈论他人的隐私，也可能就在无意间为自己种下了祸患的种子，后果难以预料。所以，不谈论他人的隐私，我们的人生将少一些无妄之灾。

尽量不向他人透露自己的隐私

与人相处时，我们对于自己的隐私要做到有所保留，不要让他人知道自己过去的所有事。因为世界上的事情都是随时变化的，人与人之间的关系也不例外。

如果我们把自己过去的秘密全部告诉他人，一旦感情破裂，或者他根本没把我们当成真正的朋友，他还会替我们保守秘密吗？或许，他不仅不为我们保密，还会把知道的秘密作为把柄，攻击、要挟我们。到那时，再后悔也来不及了。

▶ 身体力行

1. 知道谈论他人隐私的危害。谈论他人的隐私，揭开他人的伤疤，不仅对他人造成不好的影响，对自己也可能会找来祸害。

2. 在聊天的时候，不要拐弯抹角地去窥探他人的隐私。

3. 如果不经意间知道了他人的隐私，也不要到处传播。每个人的内心深处都有属于自己的空间，谁也不愿意让他人触碰到。

4. 学会用心呵护自己的隐私。不要轻易把自己的隐私告诉他人，保守自己的隐私不仅是对自己的一种尊重，也是对他人的尊重与负责。

第五章

生活的细节

　　要想在今天这个快速发展的社会上立于不败之地，我们就一定要成为生活的成功者。为了更好地成长，我们需要在生活中不断地锤炼自己各方面的能力，注意生活中的每一个细小的环节，把握自己的生活。这样，我们才能成为傲立风雨的参天大树。

74. 早睡早起,作息有规律

俗话说:"早睡早起身体好!"很多人早晨懒得起床,其实,赖床是糟蹋自己身心健康的一种极其不良的生活习惯。既虚度了光阴,浪费了清晨宝贵的健身学习时间,又消磨了人的意志,这是阻碍我们成长的"绊脚石"。所以,我们应该早睡早起,勤奋进取。

　　清晨6:00,兵兵床头的闹钟响了起来,睡梦中的兵兵醒了过来,伸手关掉闹钟,翻个身,继续睡觉。这时,妈妈走了过来,向着兵兵喊道:"兵兵,赶快起床!昨天不是说好要和爸爸一起去公园晨练吗? 又想要赖吗?"兵兵没有理会妈妈,想继续睡。可是,妈妈执意要让他起床,她摇醒了他,并且把被子掀了起来。兵兵无奈地起床了,他发现,一旦离开了床,好像就没那么困了。

　　他精神抖擞地跟着爸爸来到了公园,虽然是黎明,但公园里边已经有很多人在锻炼了。兵兵跟在爸爸身后慢跑,他在人群中发现自己的同班同学小乐。小乐是他们班的学习委员,学习成绩很好,体育也不错,老师和同学们都很喜欢他。他们打了个招呼,就各自锻炼去了。

　　回去的路上,爸爸说:"刚才那个是你的同学吗? 我猜,他的学习成绩一定很好!""咦? 爸爸,您怎么知道呢?"兵兵惊讶地问。

　　爸爸笑笑说:"这个孩子坚持在这里晨练已经一年多了,他很有礼貌,每次都主动向人打招呼。并且,他还有一双明亮的眼睛……所以啊,我断定他一定是个聪明有毅力的孩子。"

　　"原来如此啊!"兵兵恍然大悟,"爸爸,那我以后也天天来锻炼!"爸爸哈哈一笑说:"好啊! 养成早睡早起的习惯,我敢保证,你也会变得更聪明!"

　　对于很多人来说,早晨起床成了一件很困难的事情。他们喜欢赖在被窝里,能多待一会儿就是一会儿,直到最后非得起床的时候,才恋恋不舍地从被窝里爬出来。睡眠是每个人必需的，研究表明，青少年每天有 6.5~8 小时的良好睡眠，91.7% 的人可解脱倦意，恢复体力。

赖床的危害很大

有人认为，处在发育期的孩子应该多睡些，有益于脏器的发育及心身健康；机体的生物活力能增强；人会长得更高更结实。实际上，上述观念是错误的。

英国约克大学的赫伯特博士说，一个人如果睡得太久，会引起血液循环不畅。他说，人在睡眠中，呼吸一般比醒着的时候慢，其间血液里的二氧化碳逐渐增加，会变成体内的麻醉剂，越是多睡就越想睡。所以，睡懒觉这一陋习对于身体健康极为不利。

一个正常的青少年，经常赖床迟起，非但不会增添活力，而且常常会造成很多"并发症"。比如，赖床容易使人变得肥胖；赖床还容易影响人肠胃的正常运行，造成肠胃疾病；赖床的人多呼吸了很多混浊的空气，使身体不健康，等等。

可见，赖床并不是什么好事。而我们正在长身体的时候，因而更要加备爱护我们的身体。早上的空气很新鲜，周围也比较安静，如果我们早起一会儿，去户外锻炼一下，心情一定会得到舒展，一天的精神状态会比较好。在这种情况下做事，肯定能收到事半功倍的效果。

不要熬夜

很多人之所以不能早起，是因为晚上经常熬夜。对于我们来说，经过一天的学习生活，我们的身体和精神都会变得非常疲倦，如果此时再继续熬夜，就会更加疲惫。如果休息不好，第二天上课时就会打瞌睡，不能好好听课，长此以往就形成恶性循环，怎么能取得好成绩呢？

良好的睡眠可以让我们得到休息、放松。我们如果晚上不熬夜，早晨选择早起锻炼，就能使一整天充满活力。既然我们有精神晚上去熬夜，还不如利用清早一边呼吸着新鲜空气，一边花一点时间来学习，效果会事半功倍！

而每天按时上床休息，第二天按时起床，这种有规律的生活，可以保证人体生物钟正常运转，有利于身体健康。按时作息不仅可以使我们告别瞌睡虫的状态,使学习效率提高,还能有助于我们克服懒散的习气,何乐而不为呢?

▶ **身体力行**

1. 为自己打造一个舒适安静的环境。一个好的环境可以促进我们的睡眠,比如:床铺不能太软,也不能太硬;不要亮着灯睡;上床后如果睡不着,可以听一些催眠的歌曲,防止自己胡思乱想,等等。

2. 要勤锻炼。很多人在忙碌了一天之后,晚上都会睡得特别香。所以,如果你是一个"夜间型"的人,不妨在平时勤锻炼,这可以使你的睡眠周期缩短,夜间早点上床睡觉,一定睡得更香,第二天也起得很早。

3. 注意饮食。饮食也可以影响睡眠,注意在入睡前不要吃夜宵,晚饭不要吃得过饱;再者,睡前不要喝刺激性的饮料,如:咖啡、茶。

4. 在起床时鼓励自己。习惯的养成都需要一个过程,如果我们下定决心要早睡早起,就要有信心克服赖床的坏习惯。当我们早晨实在不愿意起床的时候,不妨鼓励自己一下,久而久之,好的习惯就养成了。

▶ **75. 不再挑食、偏食**

你是不是不喜欢吃饭,而很喜欢吃校门口卖的小零食呢?你是不是不喜欢吃蔬菜,而很喜欢吃那些油炸食品呢?很多时候,你是不是觉得那些就是"人间美味"?其实,正是这些你偏爱的东西损害了你的健康。为了身体健康,我们一定要养成正确的饮食习惯。

小东是三年级的学生,今年9岁了。可是,他的身高只有7岁孩子那么高,而且长得十分瘦弱,看上去就像一个可怜的火柴棒一样。

小东的体质很不好,每次出去和小伙伴们玩游戏,大家都活蹦乱跳的,只有他气喘吁吁的,跑几步就得停下来休息一会儿。他的身体素质这么差,爸爸妈妈看在眼里急在心里，只有带他去看医生。医生给他的身体做了全面检查，最后得出结论，小东得的是偏食症，是偏食让他长得又瘦又小。

原来，小东从小就偏食，很喜欢吃咸味的东西，比如一些有各种调味料的零食、小食品之类的。他从不好好吃饭，每次吃饭无论大人怎么劝都吃不了几口。爸爸妈妈怕他饿着，所以总是买一些他爱吃的小食品给他充饥。久而久之，小东的身体营养摄取失衡了，身体变得越来越瘦弱。

自从爸爸妈妈带他看过医生以后，就遵从医生的建议，引导和帮助孩子克服挑食的坏习惯。经过一段时间的努力，小东渐渐改掉了挑食的毛病，他长高了不少，体重也增加了，身体的各项指标已经接近正常同龄人的水平了。

随着人们物质生活水平的提高，餐桌上的食品越来越丰富。然而，有很多孩子都有偏食和挑食的现象，这个不吃，那个不吃，人渐消瘦，发生营养不良。据某幼儿园统计，182名幼儿中在家偏食、挑食的有137人，占75%。长期偏食对处于生长发育期的孩子来说是非常有害的。

挑食导致身体缺乏营养

在生活中，我们常常听到有人说："我从小就不喜欢吃胡萝卜，怎么做我都不喜欢吃。"或者有人说："我不吃肉就吃不下饭。"其实，这都是属于偏食和挑食的情况。有些人从小就有这些问题存在，只喜欢吃某几种食物，除了这些事物，对其他食物一概不放在眼里。其实，这种不良习惯会造成我们身体内缺乏某些营养素，最后导致身体不健康。

最好不吃"洋快餐"

现在很多的孩子喜欢吃些"洋快餐"，比如肯德基、麦当劳之类的。平时隔三差五就要央求爸爸妈妈带自己去"解馋"，一旦自己有了钱，也时不时地会叫上朋友去里面大吃一顿。甚至很多人，热爱这些"垃圾食品"胜过正餐。殊不知，这样做的害处太多了。

"洋快餐"不仅具有高热量，还有高脂肪和高蛋白质，同时，它的食物中矿物质、维生素和膳食纤维则非常低。因此，营养学家称"洋快餐"为"能量炸弹"和

"垃圾食品"。如果我们偏爱这些食物,身体还能健康吗?

多吃五谷杂粮有益健康

其实,五谷杂粮、水果蔬菜才真正有益于我们的身体健康。遗憾的是,零食和快餐对于我们的吸引力,远远大于营养丰富的五谷杂粮、蔬菜水果。据调查,96.63%小学生都吃零食,其中每天吃零食的占5.06%,经常吃零食的占25.84%,偶尔吃零食的占65.73%。仅有3.37%的小学生从来不吃零食。

不吃零食

很多人都喜欢吃零食,其实,零食是最没有营养的东西。为了保证口感和口味,里面往往添加了大量的食用香精、色素、防腐剂等等,它们不仅破坏维生素,而且可能还含有致癌物质……

经常吃零食会扰乱正常的消化规律,造成消化吸收功能紊乱,长期吃这些东西会让我们的体质越来越差。所以,为了我们的身体健康,早日和这些不利于我们的食品说再见吧!

▶身体力行

1.多读书,明白偏食的危害。偏食确实有很大的危害,我们如果不能相信别人的劝导,就要多读书,自己去寻找答案。当我们对偏食和挑食的危害了如指掌时,相信我们一定再也不会选择偏食和挑食了。

2.按时吃饭。一日三餐要按时吃,很多人不按时吃饭,到了饿的时候没有办法,才拿一些零食来充饥。时间长了,渐渐习惯拿零食来当正餐,直到最后,对正餐一点兴趣都没有了。所以,要想改掉偏食的毛病,先要按时吃饭。

3.吃饭时最好不要说话、看电视,以免分散自己的注意力。中国有句古话叫"食不言、寝不语",说的是吃饭的时候最好不要说话,以免影响到消化。看电视会分散我们的注意力,一样会影响消化,所以吃饭的时候尽量不要分心。

76. 一定要保护好视力

> 盈盈秋水，顾盼生辉，这都是形容眼睛美丽动人的词，此外，眼睛还有"心灵的窗户"之说。我们正处在长身体、长知识的时候，在这个时期，眼睛非常的辛苦、劳累。所以，我们一定要好好地养护眼睛。

晶晶是个漂亮的小姑娘，可是，最近她的眼睛有些不舒服，看东西模模糊糊的。妈妈带着她来到医院里，医生给她检查后发现，原来晶晶得了近视眼。此后，她就戴上了近视眼镜。

晶晶很奇怪，自己的眼睛为什么会近视呢？在和医生沟通之后，晶晶才知道，是自己日常的生活行为不注意，才使自己患上了近视。

她睡觉前喜欢看书，一般都是躺在床上看。医生告诉她，这样很容易引起近视。再者，她喜欢玩电脑游戏，有空就上网玩游戏，眼睛经常很长时间得不到休息。眼睛是很脆弱的，她这样不懂得保护，眼睛终于忍受不了折磨，近视了。

很多同学都有这样的经历，在一段时间的"题海战术"之后，突然发现自己的双眼有了模糊的迹象，于是才去检查，直到戴上厚重的眼镜。似乎在我们的生活中已经有了一种共识，那就是——读书人都要戴眼镜。

可怕的近视率

事实上，随着学业的进步，很多人的视力也越来越低下，近视眼的比例也随之增长。我国目前有3亿多人佩戴眼镜，是患近视眼疾者最多的国家。而幼儿和青少年近视率的上升趋势则更加引起了人们的担忧。中国青少年近视率排名世界第二，其中大学生近视比率高达70%，高中生近视率达70%，中小学生近视率34.6%，青少年因近视致盲的人数达30万人。

而某市一次抽样调查显示：该市青少年近视的患病率正逐年上升，中小学生视力低下率已为 53.83%，高出全国平均数 3.5 个百分点，其中绝大多数为近视。

近视的危害非常大

眼睛是非常娇贵的，如果我们不能做好早期近视的预防工作、不注意用眼卫生，无规律地看书、玩电脑、看电视，都会使我们的眼睛造成疲劳，引起近视。

近视的危害不容置疑，它给我们的生活带来不便，让我们小小年纪就不得不戴上一副大大的眼镜。不仅如此，近视给我们在报考大学、就业方面都带来了一定的负面影响，还给我们带来心理上的压力。更可怕的是，近视是不断发展的，一旦到了一定程度可能会引发一系列的并发症，如玻璃体浑浊、眼底出血、白内障、视神经萎缩、视网膜脱落，更严重时可导致双目失明。

要懂得预防近视

我们可能会认为，视力减退会"悄悄"地降临，直到我们发现自己看不清外面的世界时，则木已成舟。其实，近视的发生是有预兆、有信号的，也是可以预防的。那我们应该怎样预防近视呢？

我们可以通过多吃蔬菜水果补充维生素，并增加户外运动和登高望远来改善眼睛疲劳，预防近视。眼睛是我们心灵的窗口，爱护眼睛要从小开始，为了让我们能远离近视的困扰，更轻松地生活，请来关注眼睛健康，保护我们的视力吧！

怎样保护眼睛和视力

预防近视。不在强烈的或太暗的光线下看书、写字；读写姿势要坐端正，眼与书之间要保持 30 厘米以上的距离；不躺着看书；乘车走路时不看书。

读写时间不宜过长。每隔 50 分钟左右要放松休息一下，做做眼保健操，或到窗前眺望远处。

不长时间观看电视节目、操作电脑和玩电子游戏。看电视时应保持与电视画面对角线 6~8 倍的距离，每隔 30 分钟须休息 5~10 分钟，连续看电视不可超过 1 小时以上。

注意防止眼外伤,异物入眼要用正确的方法处理。

不用手揉眼睛,不用脏手帕或脏毛巾擦眼睛。不与他人共用毛巾、脸盆等洗浴用具。

不直视太阳(尤其是在正午)和电焊光,以免灼伤眼睛。

患上眼疾要及时医治,同时注意不要将病菌传染给他人。

睡眠不可少,作息有规律。睡眠不足身体易疲劳,易造成假性近视。

多做户外运动,与大自然多接触,青山绿野益于眼睛健康。

营养摄取应均衡,不偏食,经常摄取含有维生素 A 丰富的食物,如胡萝卜、番茄、菠菜或深绿色、深黄色蔬菜等对眼睛有保健作用。

▶ **身体力行**

1.养成良好的用眼习惯。看书时不要离书本太近,不要在过暗或过亮的地方看书,亦不要在车上看书。避免长时间用眼,要有意识地多眨眼睛,让我们的眼睛更好地"呼吸"。

2.少看电视,少用电脑。看电视、玩电脑不仅浪费时间,还容易对眼睛造成伤害。这些电器的显像管中辐射出的 X 射线可大量消耗视网膜中的视紫质,可以使视力明显减退。所以,要尽量减少与电视、电脑、游戏机等的接触。

3.认真做好眼保健操。通过按摩眼部周围的穴位和肌肉,可以刺激神经末梢,增加眼部周围组织血液循环,调节眼的新陈代谢,从而达到消除疲劳,增强视力,预防近视的目的。

4.保证睡眠。睡眠很重要,睡眠不足会导致眼睛分泌物增多、畏光流泪,严重的甚至会引起结膜充血、眼酸痛等结膜、角膜炎症。

▶ 77. 讲卫生，干净每一天

不讲卫生的坏习惯给我们带来了太多的伤害，2003年震惊世界的SARS病毒，就是通过人们唾液形成的飞沫在空气中传播的。为了让身体更健康，我们一定要注意讲究卫生。

菲菲从小就是个讲卫生的好孩子。她小的时候，玩过玩具后都会主动洗手；吃完水果后，果核也会主动扔到垃圾桶里，然后再去洗手。当妈妈擦完一间屋子的地板时，她要是想再进去，一定会把拖鞋放在门口。

其实，菲菲这种好习惯都是跟着妈妈学的。妈妈非常爱干净，地板天天都擦，擦得非常光亮。菲菲刚会走路时，就知道拿着一块抹布，跟在妈妈后面四处擦。她还闹过往玻璃上吐口水擦玻璃的笑话呢！对于菲菲的这个行为，妈妈并没有批评她，反而表扬了她讲卫生的好习惯。过后，妈妈又细心地告诉菲菲，到底怎样擦玻璃才是正确的。

有了讲卫生的好习惯，菲菲不仅能照顾好自己，还经常管别人，有时她会对爸爸说："爸爸，您的袜子都脏了，快点脱下来洗洗吧！"有时，她还抢着为爸爸洗袜子呢！

现在菲菲已经上中学了，她讲卫生的好习惯一直保持到现在。她说，这都是妈妈的功劳，让她养成了讲卫生的好习惯。

在大街上，我们经常看到很多不文明的现象，比如，有人走着走着，便旁若无人地随地吐痰；打喷嚏、咳嗽毫不遮掩；在汽车高速行驶的马路上，时不时会有果皮等废弃物从汽车的车窗中扔出来……

不讲卫生不是小事

这些不讲卫生的行为，在生活中时时见到。可是，有人会说，随地吐痰、乱扔垃圾太常见了！这样的小事根本不值一提。难道,这些陋习真的只是"区区小事"吗？其实不然,在这些看似微不足道的个人卫生问题上,往往反映出一个人的精神面貌和生活情趣。

更重要的是,这种不文明的行为,不仅危害了自己,也危害了别人。事实证明,随地吐痰就会"祸从口出"。在2003年的"非典"期间,我国香港某住宅区200多户居民感染非典,相关部门进行了专门调查,调查发现,痰液和乱倒非典病人的排泄物等污染了公共系统是一个重要的原因。据专家介绍,一口痰里含有数十万个细菌,而病毒隐藏在痰中既有营养又晒不到日光,存活时间要比在空气中长。这些不良的卫生习惯给传染病的传播提供了温床,给了我们一个"血的教训"。

谚语曰:"播种行为便收获习惯,播种习惯便收获性格,播种性格便收获命运。"养成良好的卫生习惯,不仅利于他人,还利于自身的发展。

养成良好的日常卫生习惯

我们不仅要注意保持自身的身体卫生和服装整洁,比如,正确洗手、早晚刷牙洗脸、洗头发、洗澡、洗脚、剪指甲等;以及注意自己的衣服是否干净整齐,衣扣、鞋带是否系好等。另外,也要养成保持周围环境整洁的良好习惯。比如,不乱扔果皮纸屑,不随地吐痰;及时打扫自己的房间,保持室内清洁卫生,不在墙上乱涂乱画等。

卫生专家指出,孩童时期是养成卫生习惯的重要时期,所以,我们不要借口自己年纪还小,就不注意自己的卫生。我们要抓住这个时期,培养自己良好的卫生习惯,这样才能保证我们身体健康。

干净卫生,利己利人

每个人都希望在干净优美的环境中生活,每个人都希望拥有一个健康的身体。那么,如何才能达到这些愿望呢？首先我们要养成良好的卫生习惯,而在搞好个人卫生的同时,还要保持自己周围环境的整洁。这样做不仅仅能使我们远离疾病,还能美化我们生存的环境。

保持干净卫生不仅仅是为了自己,还是为了周围的人能有一个健康的生活环境。在生活中,没有人喜欢邋遢肮脏的人。保持良好的卫生习惯的人会受到大家的欢迎,当然每天也会有好心情。

▶ 身体力行

1. 勤洗手,常剪指甲。在日常生活中,手接触的东西最多,也最容易沾染上细菌和虫卵。尤其是手指甲里,是藏污纳垢的地方。因此,我们吃东西之前一定要先洗手,养成勤洗手的卫生习惯是健康的第一步。

2. 常换衣服,勤洗澡。我们身上的泥垢,是由人的皮肤排出来的油脂、汗水和落在皮肤上的灰尘混在一起组成的。人如果不经常洗澡,泥垢就会堵塞毛孔,使汗水和油脂很难排出,容易生疖子或者其他皮肤病。

3. 不乱扔垃圾,不随地吐痰。乱扔垃圾和随地吐痰是人们常犯的一种恶习,还是没有公共道德的表现,是不文明行为。所以,我们要坚决杜绝这种行为。

4. 早晚洗脸,睡前洗脚。人的面部很容易沾染尘土,另外,本身脸部也会分泌皮脂和汗液。尘土、油脂和汗液混在一起,容易堵塞我们脸部皮肤的毛孔,不利于脸部皮肤的呼吸。所以,我们要养成早晚洗脸的习惯。脚上的汗腺也很多,再加上有鞋袜覆盖,很容易产生臭味,而睡前洗脚,不仅可以消除臭味,还能消除一天的疲劳,促进睡眠。

▶ 78. 不沉迷于电视和网络

很多人一谈起网络就会兴奋不已,有的人甚至沉迷在其中不能自拔,恨不得一天24小时全部待在电脑前才开心。也有很多人对于电视也是极度迷恋,沉迷于热播电视剧和一些娱乐节目中,可以一整天一动不动。不可否认,电脑和电视带给了人们很多方便,也使我们的生活变得多姿多彩,但只要沉迷其中,就一定会受到伤害。

曾经有一个17岁少年在一家网吧内猝死，警方调查发现，他是由于长时间玩网络游戏后因过度兴奋而死亡。惨剧发生后，这个少年的父母悲痛欲绝，他们没有想到网络居然会夺走自己孩子的生命。

这个少年是某高中二年级的学生，平时学习特别紧张，根本没有时间玩耍。但是，当他看到别的同学们都有了电脑，可以在家里随意地上网，玩游戏等。他便着急起来，也恳求爸爸妈妈给他买一台电脑，并且保证一定只利用电脑干一些与学习有关的事情。他的爸妈都是普通工人，平时的收入只能够一家老小的生活开支，可是，爱子心切的他们看到孩子这样渴望一台电脑，所以，他们咬咬牙，把这些年所有的积蓄拿出来给儿子买了台电脑，还连了网。

可是，少年并没有像自己保证的那样利用电脑学习，而是上网聊天，交异性朋友，还上不健康的网站，玩不健康的游戏。当父母发现后，禁止他再使用电脑，他干脆就跑到网吧去玩，一玩就玩到深夜，甚至经常逃课，没日没夜地泡网吧。

尽管父母采取了包括打骂在内的各种方法，但都无济于事。他的学习成绩直线下降，精神也变得有点恍惚。他整天不与父母交流，举止异常。父母焦虑万分，很短的时间内苍老了很多，他们看着好好的一个孩子被电脑弄得好像丢了魂一样，可又束手无策。

终于有一天，悲剧发生了，当这个少年正在玩着某个网络游戏时，由于过度兴奋而最终草草结束了自己花一样的青春生命。

这个事例是个悲剧，不能不引起我们的反思。

孟子与电视

有位科学家说，如果孟子出生在这个世纪的中国，他可能在电视机前面长大，而孟母也未必能立刻觉察到电视的长远负面影响，也不会阻挡。所以，小孟子会在电视的影响下长大，大脑会因为失去正常童年的游戏和好奇心的发展而发育不全。那么，在他成年后，也不会有深度的观察和思考能力，也没有高尚道德责任感，也不会对中国文化有特殊的贡献。

这位科学家还说，如果电视早500年在欧洲出现，现在我们可能听不到莫扎特、贝多芬和其他近代音乐家的杰作；如果电视早在中国出现，李白、杜甫也不会写诗,很多艺术精华不会出现,也不会有中国文化。

难道科学家的话只是危言耸听吗?事实证明,电视对于人类固然有积极的作用,但是,长时间将时间消磨在电视前面,对人类尤其是对正在成长发育的孩子,有着极其严重的负面影响。

看电视也会上瘾

很多人都抱怨自己的睡眠不安、消化不良,还有的人总觉得自己无缘无故情绪暴躁、做事容易感到疲倦、注意力不能集中等,其实,这些都与我们看电视有关。研究证明,电视本身对脑神经和所有感官有麻痹作用,与吸毒有相似之处,因此看电视也会上瘾。

有报道说,看几分钟电视,脑电波的反应就与在知觉隔绝的环境下 96 小时的人一样。左脑是思考判断和分析的功能,而看电视时,左脑基本没有反应,只有右脑接收画面和情感的信息。所以,电视带大的孩子都缺乏想象力,常常会觉得生命无意义且没有目标,做事也心有余而力不足。这些都是电视带给我们的危害。

迷恋电脑、手机害处多

随着电脑和智能手机的普及,越来越多的年轻人玩起了电脑和智能手机。在这个年代,如果哪个年轻人说自己从来没玩过电脑和智能手机,那真是一件稀奇的事情了。

电脑和智能手机的发展,虽然方便了信息的流通,但是,时间长了,它们的负面影响就显现出来了。尤其对于一些还在学习阶段的学生来说,长时间沉迷于电脑互联网和移动互联网,势必会给自己的生活和学习带来负面的影响。

众所周知,网上信息量巨大,各种信息良莠并存,由于缺乏有效的监管,网络上的色情、反动等负面的信息屡见不鲜。这些不良信息对于自控能力和选择能力较弱的孩子来说,实在不足以抵御,对于我们的成长是一种极大的危害。

我们是祖国的未来,担负着祖国振兴和强大的重大使命。所以,我们一定要严格要求自己,要养成文明上网、有节制上网和看电视的好习惯。

怎样戒除网瘾

自觉意识到网瘾的巨大危害，不但会对身体健康造成很大伤害，如视力下降、损伤颈椎和腰椎，影响消化功能等，而且还会迷失自己，让自己丧失正确的价值观和道德意识。

正确看待上网聊天或游戏的作用。网络永远都不能代替真实的生活，不能因为上网而放弃一切。

严格控制上网时间，每天不超过1小时。如果自我控制力比较差，可以请爸爸妈妈协助，通过综合性的多方面的监督和控制逐渐使自己消除网瘾。

在上网时间上要自我约束，坚决不浏览不健康的信息和网页，即使不小心进去了，也应立刻离开。

远离网络游戏。平时要丰富业余生活，比如和朋友聊天、散步、参加一些体育锻炼等。

增加人际交往，培养多方面的兴趣爱好。这样可以减少对网络的依赖，避免产生不上网就没有事做的感觉。

培养社会适应力和意志力，在现实中获得成就感。

正确利用网络，把其当做一种学习工具。

▶身体力行

1.培养积极向上的精神品质。很多人之所以迷恋电视和网络，就是因为缺乏积极向上的品质，所以才会将过多的时间浪费在电视和电脑前。

2.树立起远大的目标。要学着给自己订个目标，当我们集中精力为了达成目标而奋斗的时候，自然就不会去浪费时间了。

3.多参加一些课外活动。一些好的课外活动可以激发起我们探索世界的勇气。平时要积极参加学校开展的各种文体活动、各种兴趣小组，有条件的话，还可以积极参加到社会实践活动中去。这样，自然视线就会从电脑和电视上转移。

4.正确认识和使用电脑和电视。电脑和电视对于人类的作用是两面性的，如果我们能够养成良好的上网的习惯和看电视的习惯，能主动地把握住时间，就能避免上网成瘾症和电视成瘾症的发生。

▶ 79. 坚持写日记

> 日记是我们忠实的朋友，它虽然不会说话，却记录了我们的成长。写日记，还可以提高我们的写作水平。当我们有一天，再回过头来重新翻开往日的日记，一定可以发现很多珍贵的记忆。

张蒙蒙是个天才的小作家，她从 7 岁开始写日记，9 岁出版第一本书，先后出版了《告诉你，我不笨》《告诉你，我不是丑小鸭》《童年，只有一次》《快乐伴我成长》《边玩边长大》《我的天空有彩虹》，以及《长不大的嘴巴和长得太大的嘴巴》7 本书共 140 万字，主要是以日记形式写的成长经历，穿插有童话、书评、故事。

对于张蒙蒙写日记这件事，她的母亲张世君非常支持。她认为，日记是一个途径，可以训练孩子平时留心观察身边的事物，学着对它们进行思考，长此以往，孩子就常常能产生新奇的看法。

张世君说，小孩的观察往往是不经意的，很多家长以为他们是无所用心的，却不知他已经把所看到的东西印在脑子里了。如果孩子有写日记的习惯，就会及时把它记下来，如果没有写日记的习惯，事后也就淡忘了。想一想，我们自己小时候不知经过了多少事情，但是所能记住的又有多少，我们把自己的宝贵经历都淡忘了。这种体会，是张世君从蒙蒙的日记中所强烈感受到的。

日记是一个人一天中生活、学习等的真实记录。在原始社会，就有"结绳记事"的日记方式。在我国，有文字记载的日记也有两千多年的历史了。汉代刘向《新序·杂事一》中写道："司君之过而书之，日有记也。"

名人大都写日记的习惯

日记日记，是要日日都记的。日记是一种很好的学习方式，古今中外，不少名人都习惯于写日记，他们不管发生什么事情，写日记是从不间断的。

鲁迅先生从 1912 年 5 月 5 日起，到逝世前两天的 1936 年 10 月 17 日止，写了近 25 年日记。著名气象学家竺可桢先生数十年如一日，写下了 40 多本日记。

俄国著名作家列夫·托尔斯泰也把写日记作为学习创作的良好方法。他每晚临睡前必定坚持记日记。据说，托尔斯泰写日记的习惯是从 19 岁就开始了，他写了 51 年的日记，这个习惯一直坚持到他逝世前 4 天。他早年的小说《昨天的事》，就完全是从日记里构思出来的。

可见，写日记可以积累素材，还可以提高一个人的写作能力。

写日记还有怎样的好处

坚持写日记，是我们提高语言表达能力的一种比较很有效的方法。能坚持写日记，除了练笔，它还提高了我们观察生活、分析问题的能力。

事实上，写日记的好处远不止这些。美国心理学家罗琳·詹姆斯博士研究写日记的效果已经有十几年的时间了，他说："养成写日记的习惯，会成为我们一个抵抗疾病的军火库。因为写日记可以把危险的压力发泄掉，进而加强你的免疫系统，改善你的健康。"

在一项研究中，詹姆斯博士叫一组人连续写日记一星期，记下对他们情绪有影响的重要事项。结果在他们写日记之后的两个月内，他们去看医生的次数减少了一半。检测显示，他们免疫系统的功能也加强了。

詹姆斯博士解释道："当你把烦恼写在日记中之后，你会发觉已把烦恼卸下，留在日记中了，于是，身心轻松。这就是写日记的最大好处。如果心里经常被这些烦恼压着，你会疾病丛生。"日记仿佛是一个忠实的老朋友，用来记录下我们的喜怒哀乐，可以起到缓解压力，抚平烦恼的作用。

写日记，贵在坚持

日记的好处还真是不少，但是，要想真正得到写日记的好处则需要我们有持之以恒的精神，坚持不懈地去写才能收到成效。千万不要把写日记当成任务，提前写及过了两三天再一起补写，这样一来，就失去了写日记的意义。

▶**身体力行**

1. 每天都要坚持写。日记要天天记录,一开始可能不太习惯,时间久了会养成习惯。养成一个良好的天天写日记的习惯,不仅可以锻炼我们的文笔,还可以锻炼我们的思维,是我们学习非常有力的帮手。

2. 学会观察。生活的体会往往在观察中发现,如果缺少了观察,日记则容易被写成流水账,这种以应付心态写成的日记是没有意义的。不过,一个人的观察能力也并非一朝一夕就能养成的,要有持之以恒的态度,久而久之就能成功。

3. 在日记中记录一些好句子。有的句子非常好,不仅可以用到我们的作文中,还能对生活有所启迪。时间久了,这些句子就成了我们的财富。

▶ 80. 试着学一下理财

如果我们想在未来成功积攒财富,必须学会理财。理财是一种能力,一种管理金钱的能力。所以,如果不想让自己在以后陷入财务危机,就应该尽早地积极地学会理财,不浪费每一分钱。

石油大王洛克菲勒 16 岁开始闯荡商界。最开始,他在一家商行当簿记员。他从母亲那里继承了储蓄的习惯。虽然他的收入并不多,月薪只有 40 美元,但他仍然把大部分钱积蓄起来,准备以后投资用。

两年后,他开始做小生意,成为一个小有资本的商人。这时他仍然保持储蓄的习惯,准备以后大投资用。机会来了,在 1859 年石油业掀起热潮时,他凭借着长期积蓄的财力,在一家炼油厂拍卖时,不惜重金,最终获得了这家炼油厂的产权。这就是他赖以起家,登上石油大王宝座的"标准"新炼油厂。

经过 20 年的经营,洛克菲勒控制了美国 90% 的炼油业,成为亿万富翁。他成功的基础,与他在 16 岁时开始养成的储蓄习惯有着很大关系。

今天，我们掌握科学文化知识很重要，但掌握必要的理财能力同样重要。理财是我们成长的必修课，它不仅是一种财产管理能力，在很大程度上还关系到我们的人格和品德。

理财是一种生存能力

对我们来说，理财非常重要，这是一种社会生存能力。我们必须端正对金钱的态度，不能让自己成为金钱的奴隶，而是要让金钱为我们服务。

现在的生活越来越富裕，如果我们不具备理财的能力，没有正确的财富观的话，就很容易因为金钱走上歧途。到那时，金钱就会成为我们成长的绊脚石。

养成储蓄的好习惯

要想学会理财，就必须学会存钱，也就是养成储蓄的良好习惯。我们都应该从小养成储蓄的习惯，这也是培养正确的金钱观和节俭精神的最好办法。

储蓄的习惯还有一个好处，就是在你需要向别人借款时，你的储蓄习惯会帮助你。很多生意人不会轻易把他们的钱交给别人处理，除非他看到此人有能力照料他的钱，并能妥善加以运用。

如果我们没有储蓄的好习惯，很多计划都将会变得毫无意义。机会存在于各处，但只提供给那些手中有余钱的人，或是那些已经养成储蓄习惯，而且懂得运用金钱的人。所以，我们一定要养成储蓄的好习惯。

▶ 身体力行

1. 合理调整消费投入。在选购商品时，要考虑到家庭的经济状况，把一些可以花也可以不花的钱节省下来。另外，要本着需要和实用原则，选择恰当的购物时间，尽量购买物美价廉的商品。

2. 注意消费的内容。不要把钱花在吃、喝、穿等物质享受上，培养对成长有利的消费观，比如，看一些有意义的健康的书籍。

3. 理智看待广告。广告是商家促销的手段，学会用平静、审慎的态度看待广告，这是我们社会性发展和成熟的表现，也有助于健康消费观念的养成。

4. 制订支出计划，这样才能科学合理地使用金钱。

　　5. 建立消费记录。注意培养对钱财的倾向和态度。从父母那里取零用钱的同时，也要把每笔零用钱记下来，而且每次的花费也要记下来。

　　6. 参与家庭理财。了解家庭财务支出情况，要知道父母为我们做了些什么，有助于我们理解父母在操持这个家时都付出了怎样的努力。

▶ 81. 打理自己的生活

　　学会打理自己的生活可以提高自我生存的意识和能力。简单来说，打理自己的生活就是不依赖别人，而依靠自己的努力来做事。我们必须学会打理自己的生活，这是我们自身发展的需要。

　　一个猎人，打猎时捡了几头刚出生不久的小狮子，把它们带回家中精心喂养。这几头小狮子慢慢长大了。有一天，一头小狮子从家中跑了出去，猎人到处寻找也没有找到，而其它几头狮子依旧锁在家中。

　　有一天，那个猎人外出打猎后再也没有回来，习惯了被喂养和保护的小狮子们最后被活活饿死了。而那头当年跑出去的小狮子呢？它已经变成了一只野狮子。它独自在野外时，饿了自己找食吃；渴了自己找水喝；受了伤，它学会了用舌头舔伤口；遇到敌人，它知道怎样保护自己。正是这种独立的、不依靠别人的习惯，使它在大自然的环境里顺利地活了下来。

　　故事中狮子和猎人的关系，在某种程度上有我们和父母的影子。我们就像是备受宠爱，没有受过伤害的小狮子。但是，请不要忘记，猎人总有离去的那一天。当猎人离去时，当初拥有不同选择的小狮子的命运，也随之发生改变。

　　当我们在赞叹那头有勇气逃跑的小狮子时，也在为其余的拥有不幸命运的小狮子感到惋惜。同时，也在为我们自己祈祷，希望我们都能认识到打理生活对于我们成长和发展的意义。

打理好生活非常重要

虽然我们不会有像那些小狮子一样的待遇,但是,一个能打理好自己生活的孩子总是令人赞叹的,也总是生存能力最强的一个。

我们将来要走向社会,绝不仅仅会面对知识和智能的较量,面对的是综合能力的较量,没有基本的自理能力,我们在起跑线上就会满盘皆输。所以,从小学会打理自己的生活,是我们必须要做的。

能不能打理好我们的生活,对我们的人生成长与发展有至关重要的作用。如果我们不能打理好自己的生活起居,也就很难做好其他的事情。

自己的事情自己干

著名教育家陶行知先生写过一首《自立歌》:"滴自己的汗,吃自己的饭,自己的事自己干,靠人、靠天、靠祖上,不算是好汉!"可以说,这首小诗用最通俗易懂的语言对自立做了最精辟的解释。陶行知先生解释说:"……写这首诗,志在勉励青年打破依赖性,不再做那贪图享福之少爷小姐。"所以,从现在开始,我们就要努力做到"自己的事情自己干"。

培养动手实践能力

在生活中,我们应该自己去动手实践,在实践中学会积累经验,培养自理能力。平时,要注意培养打理生活的意识,比如,把玩完的玩具放进柜里,作业做完后收拾书包等,久而久之,我们就会学会约束、控制自己,养成良好的生活习惯。

我们必须放开父母的手,要凭自己的能力应付事情,要独立承担生活的责任。能够打理自己的生活是我们必须具备的能力。从现在开始,锻炼打理生活的能力吧,它将为我们未来的生活增添绚烂的光彩!

▶ 身体力行

1.做好自己的事。自己收拾打扫房间,洗自己的衣服并摆放整齐,保持日用品的清洁,吃完饭及时收拾并清洗碗筷,等等。

2.培养真诚的孝心。真诚的孝心可以让我们体会父母的深情和对我们的呵护,希望这种真诚的孝心可以激发起我们承担责任、分担父母忧愁的赤子之心。

3. 勇于去帮助别人。帮助别人的过程中不仅锻炼了自己的生存能力,也培养了自己的爱心。

4. 克服依赖心理。依赖心理是一种消极的心理状态,会影响自己独立人格的完善,制约自己的自主性和创造力,从而阻碍我们自立能力的发展。

▶ 82. 多干点家务活儿

> 做家务可以使我们变得更加聪明,你相信吗? 其实,这是有道理的。试想,一个从小懂得帮助父母做家务的孩子,他的大脑在很小时就得到了充分训练。当他走进学校,就一定能将自己的智慧发挥出来。

受父母的影响,赵丽从小就勤快,刚学会走路的时候就摇摇摆摆地抢着干活。对于赵丽的这种举动,妈妈并没有阻止她,而是赞扬她小小年纪就懂得为父母分忧。妈妈觉得,虽然那时的赵丽还做不了什么,但她的这个举动说明了她有热爱劳动的心,这就是值得鼓励的。

由于受到家庭好的影响,赵丽刚上小学就自己整理卧室,床铺和书桌从来不用妈妈操心,到处都井然有序,整整齐齐。她的文具和衣物也是如此,都摆放得井井有条。她从不睡懒觉,每天早起自己梳头、整理书包,从来不用大人操心。

再大了点,就利用节假日帮着妈妈打扫卫生,拖地板,擦玻璃都不在话下。上了中学就更自觉了。自己的洗衣服从不让妈妈洗。功课不忙的时候,她还帮着妈妈做饭,有时放学回家,爸爸妈妈还没有下班,她就张罗着把饭给做好了。因此,爸爸妈妈对赵丽非常满意,觉得她比同龄的孩子懂事得多。现在很多同龄的孩子甚至衣服还要妈妈洗呢,赵丽已经开始帮着妈妈洗衣服了。

有些家长问赵丽的妈妈,孩子做这么多家务,会不会影响学习成绩呢! 赵丽的妈妈介绍说,赵丽虽然干的家务活要比同龄人多,但她的成绩不仅没降低,反而总排在同年级 600 名学生的前 5 名,而且还考过两次全年级第一。

老师也说,赵丽在学校确实是个品学兼优的孩子。老师还说,在她教过的学生中,往往越是常干家务活的孩子成绩和智力都比较好,他们由于经常受到各种各样的锻炼,因此思维活跃,遇到困难点子多,组织能力也特别强。这一点真的不用质疑,你看,赵丽不就是一个很好的例子吗?

法国大思想家卢梭说:"一个小时劳动所获得的东西,比一天听讲解得到的要多。"这就说明,人的大脑虽说是思维的基础,但是,光有这个基础还远远不够,不去在生活中培养锻炼是产生不了思想和智慧的。

而从小多干点家务活,可以使大脑得到充分的锻炼,使我们不至于成为坐享其成的懒汉,而成为有才能、有丰富创造力的人。

爱劳动是一种美德

爱劳动是一种美德,也是我们生存的重要条件。劳动是成功的源泉,美好的东西如果轻易就让人得到,我们就会毫不在意,只有付出了辛勤的劳动和汗水,我们才懂得珍惜。纵观世界成功者,无一不是经历了艰辛的劳作和勤奋的学习,才取得优异成绩的。而现在,很多人对于劳动却不屑一顾,认为这是多此一举的事情。这是多么令人痛心的事啊!

做家务可以开发智力

研究表明,开发智力应从训练一个人的感觉器官和运动器官入手,而干家务活恰恰正是这样一种好的训练。干家务活可以让我们在日常生活中有尽可能多的机会,通过听觉、视觉、味觉、触觉和嗅觉接受外界的各种刺激。这种刺激信息传入大脑,便可获得某种智能。此外,干家务活还能训练我们的运动器官,促进大脑对各器官肢体的控制能力,使我们的动作能力得到锻炼。

著名儿童教育学家中岛博士坚持主张孩子应该干点家务活儿。他在3个城市和12个乡村中做过调查,在这些地方的361个各种类型的家庭中,他发现凡是干家务活的孩子,其智力发展水平都较不干家务活的高,独立生活能力较强。这就更有力地说明,多干家务活儿并不吃亏,反而会推动我们获得幸福的生活。

亲身去参与到劳动中,才能体会到劳动的艰辛和乐趣。尽可能地多干些家务活吧！这样做既能分担父母的辛劳，又能锻炼我们的能力，何乐而不为呢？

▶身体力行

1. 先把小事做好。早晨起床把被子叠好，把书桌收拾干净，把自己的屋子打扫干净，等等。自己的事情做好之后，再去帮父母做些力所能及的事。

2. 做家务要有正确的态度。我们做家务不是给父母做的，而是为了养成自己热爱劳动的习惯。此外，也是为了培养自己的责任感、独立性和自信心。千万不要认为自己做家务是帮了父母多大的忙。其实，这本来就是我们应该做的，拿着做家务和父母讨价还价是最不应该的行为。

3. 无论在哪儿都要热爱劳动。不仅仅是在家要做家务，在学校也要积极地参加劳动。劳动是光荣的，在参加劳动的过程中，我们能够得到一种劳动的满足感和幸福感。所以，无论在哪里都要积极地参加劳动。

▶ 83. 培养一种好的爱好

爱好是我们度过闲暇时光的一种有趣方式，也可以让我们的学习生活更轻松。问一下自己：我的爱好是什么？ 这种爱好能够让我获得什么？ 没有爱好，我又想培养自己哪一方面或哪些方面的爱好呢？

俄国十月革命胜利前，列宁在国外进行革命活动时，每到假日，总是去野外郊游。他曾同他的夫人克鲁普斯卡娅开玩笑说，他属于"郊游派"而不属于"电影派"。

列宁认为，最好的休息是到大自然的怀抱中去。那里空气新鲜，景色宜人，最容易使脑力劳动者消除疲劳，恢复体力。

在革命胜利以后的日子里，列宁仍然保持这个习惯。到了星期天，列宁常常和克鲁普斯卡娅等亲属一起，带上面包出外郊游，在莫斯科河沿岸邻近道尔维岭的一些地方，那里有一片松林，可以远眺四周的田野景色。

列宁的业余爱好，是与过度工作需要精神松弛的客观要求相一致的。

其实，爱好就像我们的一位特殊的朋友，我们会喜欢它，它也会吸引我们。生活中，每个人都应该有爱好。怀有爱好，就可以感受到生命的可贵，可以化为精神的愉悦，反之，就难觅生活的乐趣。哪里没有爱好，哪里就没有回忆；哪里充满爱好，哪里就长出智慧树。

爱好能带来什么

爱好，也能给人们带来娱乐、友谊和知识。有了爱好，就等于有了同人交往的"触点"，爱好广泛，接触的媒介就多，结果由此结识了与自己有同样爱好的人，彼此交流就多了一个朋友。在与朋友们的交往中，会开阔视野，扩大知识面。

研究表明，好的爱好能促使一个人健康。因为爱好能够萌发积极因素，能使心理平衡。好的爱好，能对身体的某一部分机能产生积极的影响。

爱好有好坏之分

爱好的范围很广，分为很多种，有好也有坏。集邮、养花、书法、踢足球等都是爱好都值得好好培养；抽烟、酗酒、打麻将、痴迷电子游戏也是爱好，但却不可取，因为是坏的爱好。所以，我们要培养有益于身心健康、养性益智的爱好。

作为新时代的孩子，我们一定要提高辨别积极健康爱好和消极低俗爱好的能力，要"择其善者而从之，其不善者而改之"。好的爱好有利身心健康，能启迪智慧，陶冶性情，磨练意志；而不良爱好，容易使人堕落，甚至让生命失去光彩。

重视对爱好的培养

爱好可以开阔我们的眼界，让我们的胸襟变得豁达，富有朝气，也能让我们的个性得到充分发展，精神境界更加高尚。爱好是激发我们创造力的发动机，是引起和保持注意的重要因素，也是开发我们智力的钥匙，促进我们的智力发展。

一个人的爱好不是天生的，而是伴随着人的成长，在后天的环境、教育和实践中逐步产生和发展起来的。所以，我们一定要注重爱好的培养。培养爱好不仅是增长知识、培养特长,更重要的是让我们自主、和谐、全面发展。

爱好可以影响我们一生,可以让我们走向成功,也可以给我们带来快乐。但培养爱好并不很容易。所以,我们一旦发现自己对某种事物比较关注时,就应该珍惜它,并全力以赴追寻它。愿我们都能发现并培养健康的爱好,开拓视野。

▶ 身体力行

1. 敢于尝试,勤奋练习。有的同学说:"我没什么爱好。"实际上,是因为他对某些活动没有尝试过,当然,也就谈不上练习了。有的同学自称不爱好体育活动,比如,他不爱打篮球,也不爱踢足球,究其原因,很大程度上就是在刚接触这样的活动时,碍于面子,没有大胆尝试。其实,只要敢尝试,肯练习,就会慢慢感受到其中的乐趣,如此一来,爱好也就产生了。

2. 培养一种稳定、持久的爱好。我们可以结合自己的学习、身体等条件,选择一两种爱好,稳定持久地坚持进行下去。

3. 保证爱好健康。如果精力充沛、时间充足,可以把爱好范围再扩大一些。但是要把握一点:不论爱好的范围有多大,都应该保证这些爱好是健康的。

4. 不要因爱好而影响学习。爱好要在不影响学习的前提下进行,只顾爱好而不管学习是不可取的,应该纠正。

▶ 84. 用过的东西要放回原处

生活中,我们一定要做到物有定位,动过的东西一定要再放回原来的地方。比方说,洗脸时眼镜需要摘下来,如果没有定位,转眼就会忘了放在哪里,要花时间再去找,就会很麻烦。其他物品也是如此。

晨晨有个坏毛病,就是喜欢乱扔东西,什么用完后都随手一扔,所以每天都要问奶奶:"奶奶,我的画笔放到哪里了?""奶奶,我的袜子找不到了。"奶奶每天都围着他转，不是帮他找东西，就是帮他找收拾残局。

这一天，晨晨在房间里玩，一会儿就把整个房间折腾得乱七八糟：铅笔躺在床单上，积木胡乱堆在地板上，图画书摆在了鞋柜上……

第二天上课时，晨晨却发现自己的彩色笔不见了，他嘟囔着："彩色笔哪儿去了呢？我昨天还用了呢！"他找了半天也没有找到。那天，班上的同学们画画的时候，晨晨只能向别的同学借彩色笔用，心里真不是滋味。

生活中，我们大都缺乏物归原处的意识，喜欢随手乱扔东西。因为我们的自制能力较差，常常为图一时的痛快而随手乱扔东西，意识不到将物品物归原处的好处。要知道，物归原处不仅整洁有序，还能方便自己和他人。

如果我们有这样的不良习惯：用完东西随处乱扔，没有将物品放回原处；经常找不到自己用过的东西，"忘性"较大；不愿意整理自己的物品，喜欢依赖父母长辈；不知道怎样整理物品，越整越乱……就应该好好学学"物归原处"了。

物归原处好处多多

我们要懂得物归原处给他人和自己带来的便利。用完东西后，应该按类分别摆好并及时整理。如果图一时省事，而将用过的东西随处乱扔，就会给自己和他人带来麻烦。

要学会整理自己的物品。我们要知道每件物品的大致归位，进而学会整理和归类。当我们新添一件物品时，要知道要归放在哪里。我们还要有意识地保持物品的条理和整洁。

列典籍，有定处；读看毕，还原处；置冠服，有定位

《弟子规》上说："列典籍，有定处；读看毕，还原处。"其实，这说的就是动物归原，也就是物归原处。用完物品后要立刻放回原来的地方，而不是随手一放。

如果没有做到物归原处，桌面的东西就会越摆越多，最后摆一大堆。总是想，作业完成后再收拾，其实应该是用完后，当下就要还原处。这样做事情便会有始有终，有条不紊，我们的生活才不会乱七八糟。

《弟子规》上还说:"置冠服,有定位。"这并不仅仅是表示把帽子和衣服放到固定的位置上,而是代表所有的物品,都要动物归原。动了某个东西以后,用完一定要摆回原来的地方,下次用一定找得到。

培养物归原处的习惯

学会物归原处不仅是我们的良好的生活习惯,而且有助于培养我们的记忆力。物归原处就是让我们做到:从哪儿取东西然后再放到哪儿,这样的要求有助于我们养成拿取物品时记住物品位置的习惯。久而久之,记忆能力也就增强了。

在旧金山中美国际学校的幼儿班里,绘画课接近尾声,老师一声令下:"大家在地毯上围个圆圈坐下来。"孩子们立即起身,把椅子摆放整齐。每次室内活动,孩子玩完一种玩具,都会先把它们放回原处,然后再玩另外一样,非常自觉。

如果我们也能这样做,就等于养成了一种非常好的习惯,就会把事情做得更好,父母、老师和同学都会认可我们,对我们另眼想看。当然,最重要的是,我们自己会从中受益良多,自然会有条理地做事。

无论是在学校还是家里,我们用过的资料、用品或衣物都要做到物归原处,不必耗时费力地找个不休。这样做,在现今快节奏的生活中,就能缓解不少压力和紧张情绪。长大成人后,也会因此而生活得有规律,心情会更加轻松。

▶ 身体力行

1.无论在家还是在学校,用过的东西都要放回原处。在取某个物品之前,一定要先看看它原来放的地方,用过后立即放回去。既方便自己,又方便他人。

2.在图书馆、阅览室和新华书店看书时,看完后一定要把书放回原处。

3.在超市选购商品时,拿起来看过后要再放回原处。如果中途决定不买了,也一定要放回原处。这样,既维护了公共秩序,又体现了个人的素质修养。

4.经常整理房间,及时清理没有放回原处的东西。

85. 经常锻炼身体

> 生命在于运动,健康源于锻炼。锻炼可以加速血液循环,增加机体免疫力,促进身体生长发育,放松心情等,特别对正在生长发育期的我们来说,锻炼更是必不可少的,要经常锻炼。

14岁时,富兰克林·罗斯福进入格罗顿公学。这所学校非常重视体育,对学生的评价,关键是体育本领而不是学习成绩。其创办人、第一任校长恩迪科特·皮博迪博士认为,一个合格的学生应该是一个合格的运动家,应该有运动健将的拼搏精神和豪爽的风度。

当时,罗斯福的身体瘦弱,虽然身高5英尺3英寸,体重却只有100磅,其体力难以支持他打橄榄球、篮球和划船。可是,罗斯福在格罗顿公学期间,以钢铁般的意志锻炼身体,春夏常常参加游泳,也参加划船、垒球、足球、曲棍球、高尔夫球运动,冬季则参加滑雪、坐雪橇滑坡比赛等。

渐渐地,他的身材开始变得健壮英俊,为他以后日理万机的总统生涯打下了坚实的健康基础。后来,他成为美国历史上唯一连任4届的总统,还被公认为美国历史上身体最健康、意志最坚定的领导人,而这一切则要归功于他以钢铁般的意志锻炼身体。

如果没有健康的身体,就很难在这个时代成就一番大事业。

健康的身体是财富

健康的身体是人生的第一财富,我们一定要爱惜身体,使自己拥有茁壮成长的基石,拥有为明天拼搏的资本。

健康的身体,是我们把事情做好的前提;健康的身体,会让我们对困难有坚定的信心……相反,羸弱的体质除了影响我们的学习,对未来的工作和事业发展也会形成障碍,严重的可能一事无成,甚至是英年早逝。

翻开历史的画卷,可以看到很多令人惋惜的人:罗马尼亚音乐家波隆贝斯库23岁死于肺炎;挪威数学家阿贝尔27岁死于肺结核;唐朝著名诗人李贺27岁病逝……可以设想,如果他们的身体能够强健一些,他们对人类的贡献将会更大。

与此形成鲜明对比的,是一些身体健康、寿命较长、充分发挥了自身才能的人:列夫·托尔斯泰活了82岁,其名作《战争与和平》、《安娜卡列尼娜》、《复活》等都是他36岁后的作品;杜波依斯87岁开始写《黑色的火焰》,轰动世界;法国女钢琴家格丽玛沃104岁高龄时仍登台演出;爱迪生在84岁的人生道路上,仍然不断探索;伏尔泰、牛顿、斯宾塞等都是在80岁后才达到智慧的巅峰。

可见,健康的身体不仅是生活、学习和事业的基础和保障,同时也为全人类的发展提供了一个重要的条件。

不要忽视身体健康

教育家徐特立曾说:"一个人的身体,绝不是个人的,要把它看做是社会的宝贵财富。凡是有志为社会出力,为国家成大事的青年,一定要珍惜自己的身体健康。"我们不能只学习,而手无缚鸡之力,必须培养良好的健身习惯,并掌握科学的锻炼手段,使自己挣脱瘦弱、疾病的羁绊,从而以健壮的身体勇攀高峰。

调查表明,中国60%以上的7~17岁儿童、青少年不锻炼身体。我们正处于朝气蓬勃的年纪,总觉得自己还年轻,身体没问题,而忽视了锻炼。其实,我们应该从现在起,在精力最充沛、没感到健康受到威胁的时候,就开始锻炼。

运动不只是强健体魄,还可以放松心情,是一种放松心情的强心剂,能让人很快地兴奋起来,也能很快化解生活中的烦心事,让我们变得更加开朗、豁达。

记住这句话:生命在于运动,运动是最好的医生。我们一定要动起来。

锻炼不应该有功利心

高兴的时候自然会去运动,因为那是一种休闲;而心情烦躁的时候更要去运动,因为运动可以放松心情。让自己快乐的方法不下千百种,同样,运动的方式也有多种多样。跑步、登山、游泳、打球……只要你喜欢,什么都可以。

我们要注意运动时的心情调节,运动就是运动,最好不要带有别的目的。比如,把几个同学相约去打篮球看成是一项休闲活动,不是为了输赢而打球,如果太在乎输赢,就会适得其反,没得到锻炼与放松,又平添了许多烦恼。

让我们在活力四射的年龄,尽情舒展身体、挥洒汗水吧！换来的,将是一副强健的体魄和真正放松的心灵。

▶ **身体力行**

1. 无论每天学习有多么繁忙,还要记得抽出时间来锻炼身体。运动要适度,不要盲目加大运动量,甚至超负荷运动。否则,对健康不利。

2. 养成经常远眺的习惯,经常做眼保健操。

3. 选择合适的运动项目进行科学的锻炼,并养成习惯。可以选择一种或数种自己喜爱的运动,每天坚持,使之成为我们每天生活的一部分。

4. 定期去郊外活动。周末天气好的时候,赶快去爬爬山或者骑自行车周游全城,提前订好活动计划。

5. 天天锻炼,持之以恒。一定要坚持体育锻炼,每天保证30分钟到1小时,可以在小区、健身房锻炼。

6. 积极参加学校组织的各项体育活动,哪怕并不擅长,但是要记住体育精神是"重在参与",运动细胞也是锻炼出来的。

▶ **86. 站、坐、走姿都正确**

在中华民族的礼仪中,"站有站相,坐有坐相"是对一个人行为举止的最基本的要求。而现在,我们却站没站相,坐没坐相,看书写字不是趴在桌上就是歪着身子,走起路来扭身子,甩膀子,左摇右晃……这些不良的站、行、坐、卧的姿态我们一定要避免。

　　新学期开始了,铭铭升到了四年级,书包也沉了。但是,他的坏习惯还是没有改正过来,依旧是站没站相,坐没坐相,看书学习时,眼睛离书本太近,嘴巴都要啃到书上了。

　　铭铭这样懒散的姿势,让人看起来很不舒服,感觉他一点精神都没有。当然,他自己对学习也没有什么兴趣。

　　实际上,铭铭的这种坏习惯也不是一天两天了。在家里,有时候爸爸说他一下还管用,可爸爸一离开,他就变回原形了。如今开学了,他又把这些坏毛病带到新学期了。

　　再看看教室里的其他同学,像铭铭这样"站没站相,坐没坐相"的还有五六位。他们走起路来,含胸低头,一上课就趴在桌子上。如果长期保持这种错误的姿势,就很容易导致脊椎偏离正常位置,从而形成脊柱弯曲、畸形。

　　也许是因为现代生活太舒适了,很多同学都不能很好地站、坐、走,不正确的站姿、坐姿,还有走姿,会给身体带来很大的影响,会引起脊椎骨弯曲,影响身体发育,严重的甚至会影响身体健康。

站如松,坐如钟

　　俗话说:"站如松,坐如钟。"这是非常有道理的。事实上,不正确的姿势不但看着不雅观,还会造成脊柱弯曲,影响身体健康。

　　对正处在生长发育期间的我们来说,站姿、坐姿的正确与否,对我们影响最大的是骨骼。儿童时期,骨骼正在钙化,我们经常保持什么样的姿势,骨骼就会长成什么样子。如果我们经常弯腰驼背,时间长了,就会造成各种各样的脊柱畸形、弯曲。如果坐姿、站姿、走姿不正确,就会影响胸廓发育,使肺部不能自由呼吸,压迫心脏,最终造成内脏器官偏离正常位置,影响整个身体的发育。

站姿正确

　　正确的站姿是:表情自然,颈部挺直,目光向前平视,胸稍前挺,腹部微微后收,两手下垂,足跟靠拢,足间夹角为 45 度,身体重心处于两足间的前端。

　　纠正不良站姿时,可用墙壁作参照。靠墙站立时应该是脚跟、小腿肚和臀部均触及墙面,而背部离墙约 5～8 厘米。如果每天能坚持这样练习 15 分钟,很快就可以看到训练效果。

坐姿正确

正确的坐姿是:身体略微后仰或与地面垂直,头部、脖颈与身体尽量保持直线,身体不要过度前倾;脚底触地时膝盖恰好呈 90 度,小腿要往前伸 5～6 厘米;同时,双手应紧靠身体上部并放松。不要用手托腮,经常托腮会使腮部受压,久而久之会妨碍牙齿的正常发育。托腮必然会导致坐姿不端正,会影响脊椎发育。

走姿正确

正确的走姿是:肘关节伸直,上臂自然摆动,摆幅不用过大。步态平稳,两脚跟内侧走在一条线上,不要太慢。不要有内、外八字脚、扭臀、晃臂等情形。

举止是一种不说话的"语言",会在很大程度上反映我们的道德修养、文化水平等。如果没有良好的站姿、坐姿和走姿,无疑会有损于我们良好的形象。所以,我们一定要注意自己的姿势、一言一行,要成为举止优美的人,让他人赏心悦目。

保护好脊椎

脊椎骨是人的顶梁柱,如果它要是歪斜了,就好像房子的支柱歪斜了一样,可能随时就有倒下来的危险。脊椎骨的骨头共有 30 多块,就好像积木一样叠起来,软骨使它们互相连接起来,这样才能使身体自由旋转。如果平时我们站姿、坐姿、走姿不良或不正,就有可能破坏或磨损具有压缩能力的软骨部分。

脊椎正中间有制造红血球的脊髓和神经束,从头部到尾骨本来是畅通的,如果不注意站姿、坐姿和走姿,说不定哪里就会有损伤,就会使身体出现问题。

可见,养成正确的行走、坐卧的姿势,对我们每一个人的健康十分重要。所以,我们一定要养成良好的站姿、坐姿和走姿等习惯。

▶ 身体力行

1.训练站姿和坐姿。看书、写作业或站立时,一定要采取正确的姿势,不要弯着腰,不要含胸,也不要随意歪靠在椅子上或桌子上。

2.多做双侧运动。我们一般都习惯用右手提重物,身体长期单侧运动可能会造成身体双侧肌肉发育不平衡,所以,要多做一些需要双侧都参与的活动,为形成正确的形体姿势打好基础。

3.注意在课堂上坐姿。上半身挺直,两肩放松,下巴内收,脖子挺直,挺胸,双手自然放在双膝上,或放在书桌上。

4.注意公共场合坐姿。入座要稳重端庄,不可以猛坐猛起,不可以弄得椅子吱吱叫,也不可以把椅子的前腿或后腿翘起来,不可以将脚伸到前排的椅子上,不可以跷二郎腿。应坐满椅子的2/3,不把整个椅子坐满,尽量不靠在椅背上。

5.无论是站还是坐,腿都不要抖来抖去。

6.注意与人交流的姿势。与人交谈时,不要双臂交叉,更不能两手叉腰,或将手插在裤袋里或下意识地作小动作,或摆弄小玩具、咬指甲等。

▶ 87.遵守交通规则

交通事故像一个隐形的杀手,潜伏在马路上等待着违章违规的人出现。因此,我们应该学会保护自己,一定要记得红灯停、绿灯行,养成文明行车,文明走路的良好习惯。

一个晴朗的日子,张帆和妈妈在街上散步,红灯亮了,他和妈妈就停了下来等绿灯。突然,一辆车"唰"地一下从张帆的身边过去。原来是一个男孩骑着自行车,他骑得太快了,差点儿就撞上斑马路上的行人。行人劝他不要骑得那么快,可他不听劝告,继续骑他的"飞车"……

张帆想:也许这个男孩是有什么急事吧！但是,这样很有可能会发生交通事故。果然不出所料,张帆和妈妈在一个拐弯的地方,看见许多人围在路中央,原来,刚才骑"飞车"的那个男孩被车撞了！

张帆听见旁观者的议论声："唉！这孩子可怜啊！刚才不小心撞上了一辆大卡车……""如果这孩子骑得慢一点，如果那个开车得快一点，如果……"

在张帆看来，再多的"如果"也不能让这朵已经完全凋谢的蓓蕾重新开放。男孩的父母不知为倒在血泊中的他操了多少心，可现在只能眼睁睁地看着他离去……

今天的交通繁忙了，像这种悲惨的交通事故在全国也很常见。所以，无论交警在不在场，我们都要自觉遵守交通规则。过马路要看清信号灯，红灯停、绿灯行，要走人行横道，不翻越交通护栏；未满12岁，不得在马路上骑自行车；不能在马路上三五成群地玩耍嬉戏……

要把交通安全记心间

在生活中，交通安全总是围绕在我们身边。只要一出行，就与交通安全打上了交道。行走时的一次走神，过马路时的一次侥幸，骑车时的一次违章，仅仅是一次小疏忽，这一切都会使一个生命转瞬即逝。

据报道，全国每6分钟就会有一人死于车轮下。每年因各种事故，数以万计天真无邪的孩子死于非命，而这其中，因为交通事故而死亡的孩子占很大的比例。惨痛的事实再一次给我们敲响警钟：要文明行车，文明走路。

对任何人来说，最宝贵的就是生命，而生命只有一次，所以我们必须珍惜。血的悲剧告诉我们一定要遵守交通法规。出行安全，不仅关系到我们的生命安全，同时也是尊重他人的生命。透过川流不息行驶的车辆，我们一定要记住"关爱生命，安全出行"这八个字。

"高高兴兴上学去，平平安安回家来"，这是父母的期盼。为了父母，更为了自己，我们一定要遵守交通法规，保护自己的生命。

不闯红灯，不越线

交通安全与我们的关系非常密切，它就像我们的朋友，日夜守在我们的身边，教育我们，劝诫我们。为了营造良好的交通秩序，我们一定做到"不闯红灯，不越线"，增强交通安全意识，养成良好的交通行为习惯。

▶ 身体力行

1. 积极接受交通安全教育。自己教育自己，自己管理自己，养成自觉遵守交通法规的良好习惯。

2. 牢固树立交通安全意识。自觉学习安全防护常识，提高自防自护能力，遏制交通事故的发生。

3. 遵守交通规则。从我做起，从现在做起，自觉养成良好的交通习惯，学会走路，安全骑车，使自己健康安全地成长。

4. 注意小细节。做到红灯停绿灯行，不在马路上玩耍追逐，过马路要走斑马线，不乘坐无牌无证的三轮车，不乘坐黑的士，乘坐摩托车时要佩戴头盔。

5. 让自己行动起来。从我做起，当一名安全小卫士，并作好安全教育宣传工作，向父母、邻居宣传安全的重要性。真正做到珍爱生命，关注安全！

6. 不仅自己要遵守交通法规，如果发现有人违反了，我们应该及时劝阻。

▶ 88. 学会文明乘车

> 我们很多人都是乘车上学、回家，然而在乘车过程中，还有许多不文明的现象，乘车时也存在着一定的安全隐患。为了使我们能文明、安全上下学，我们应该重视乘车安全，做到文明乘车。

经常乘坐公交车的人很熟悉这样的画面：每逢学生放学期间，一大群学生聚集在公交站点，见一辆公交车驶来就蜂拥而上，车内的"气氛"顿时就会"热烈"起来，欢笑声、打闹声不绝于耳，许多乘客只能无奈地摇摇头……

这一幕，几乎每天都在发生。

一位女士讲述了自己的经历。她说，自己每天回家都要乘坐×路公交车，几乎每天在车上她都要遭遇这样的"热烈"气氛，整个车内乱哄哄地闹成一团，孩子们丝毫不顾车里的摇摇晃晃，玩游戏、大声喧哗甚至打打闹闹。

"在车里站着，只感觉脑子里'嗡嗡'一片，难寻片刻清净。"有一次，这位女士实在忍不住了，就说了几个孩子一句："你们不要再吵闹了好不好！"结果，那几个孩子毫不理会，继续玩乐。旁边的一位先生见状也表示不平，没想到刚开口却惹来孩子们的白眼："难道车上不让说话吗？谁管着我们说话的权利了？！"这位女士无可奈何，只有摇头。

在公交车上，很多身穿校服的同学，旁若无人，在拥挤的乘客间你追我打，你一拳我一脚。或者玩着一些游戏，嘴里大喊大叫着，小手不停拍打着，有时还夹杂着一些脏话说出。无论是公交司机还是其他乘客制止，他们毫不理会。

同时，这些放学后的孩子们，手里往往都拿着一包街头买来各种零食，一边玩着一边吃，吃完后，往往随手就地一扔，若被公交司机发现会被制止，有的孩子就顺手将垃圾扔出窗外，然后继续说笑。

公交车也是公共场所

公交车是公共场所，在公共场所大声喧哗、乱丢垃圾显然是不文明的行为，有违社会公德。这一点，我们都注意到了吗？

文明乘车其实是一件很小的事，却体现了我们每一个小公民的素质。千万记住："勿以善小而不为，勿以恶小而为之。"建设和谐融洽的人际关系和社会秩序，就需要良好的社会道德规范，需要我们每一个人在日常生活中文明谦让。

注意乘车安全，遵守公共秩序

我们在重视学习的同时，也要注意乘车安全。要遵守公共秩序，在指定的站点等车，上下车要排队，学会礼让。否则，一旦发生交通事故，对我们自己，对整个家庭来说，一切美好梦想都会化作泡影，留下的将是挥之不去的伤痛。

要使乘车安全意识深入我们的内心，并使其真正内化为我们的自觉行动。想一想，我们怎样才能做到文明乘车呢？

会看地图和车站牌

乘车前,我们应该学会看交通地图和车站牌。

学看交通地图。交通地图是一种专题地图,它主要表示某一地区的交通状况和主要景物,如公共交通路线、停车站、主要街道和建筑物以及风景名胜。看交通地图,首先要确定方向:上北、下南、左西、右东。辨明方向以后,还要学会看懂图例。接着,还要弄清楚自己在地图中的位置,要去的地方在什么位置。

还应该会看站牌。如果不注意看站牌,就有可能坐反方向、坐过站。在我们身边,乘车时乘错方向或坐过站的事情经常发生。所以,我们一定要在乘车前看清站牌。那么,看站牌应该注意哪些细节呢?应该看清楚该路车开往什么地方,也就是要明白方向,看最早和最晚一班车是什么时间,看好本站的站名,及你要在哪一站下车,中间大约有几站,最好记得下车站的前一站的名字,这样好为下车提前做准备。

▶ **身体力行**

1. 我们应该排队上车,不要向前使劲拥挤,上车及时买票。

2. 上车后如果人较多,应及时向车厢中后部走,给后面上车的人留出位置。

3. 如果有空座位,应该先环视四周,看是否有年长的人,如果有,应该请他们先坐。如果座位是老幼病残孕乘客专座,即使空着,我们最好也不要坐。如果有老幼病残孕乘客上车,我们应该及时让座,不要管其他人是否让座。

4. 在车上要抓好扶手,以免车子拐弯或急刹车时出现安全问题。

5. 不要在车上大声喧哗,不要吃零食,也不要左顾右盼。

6. 如果需要向乘务员问路,应该使用文明用语。

7. 离我们要下车的车站还有一站路时,我们应该做好准备下车。

8. 下车时,不要拥挤,应该先向车外后方看一下,以免撞上车辆或行人。

▶ 89. 学点应对意外的常识

生活充满着变数，随时随处都有可能发生意外。有时会让人突然陷入危机中，让人感到整个世界都很不公；有时机遇会突如其来地降临到一个人身上，这时他可能又要感叹世界对他是多么厚爱！但对于一个有应对意外能力的人来说，他能从容应对任何意外情形。

据北京市儿研所有关人员介绍，目前意外伤害已占0~14岁的孩子死亡顺位的第一位，意外死亡人数占总死亡人数的26.1%。主要危险因素为车祸、跌落、溺水、烧烫伤、中毒、窒息、自杀7大类。

目前车祸已成为意外伤害死亡的首位原因，多见头部受伤、骨折、内脏出血等，甚至休克、死亡。其中步行交通事故危险人群为5~9岁的孩子，驾车事故中危险人群为10~24岁的孩子及青少年。此外，因中小学生好动及好奇心强而造成的跌落、烧烫伤、中毒、窒息等伤害事件也不可忽视。

媒体经常报道，有的孩子在河边玩，一不小心落水身亡，有的孩子因为不懂用火常识，用火时被烧伤，有的因为不懂交通规则，出行时发生交通事故……

人的生命只有一次，只有健康地生存，所学的知识才会得到发挥，否则纵然是满腹经纶，也过不了一条小河。

应对游泳意外

要保证在游泳池、划定的江河湖海的游泳区内游泳，最好选择配备专门救援人员、设施的场所，除此之外，千万不能到其他水域游泳；不要单独下水游泳，特别是初学游泳者要有熟悉水性的同伴相随；游泳前做一些准备活动，如伸展四肢、活动关节等，但不要做剧烈运动，同时用水浇浇头部及胸部，使身体适应水温，不要猛地扎进深水里；身体状况不佳不能游泳，汗流浃背的也不能下水，这样才能保证游泳的安全。

万一遇到意外情况,切不可惊慌失措。游泳时头晕,一般是因为空腹和过度疲劳,这时身体内血糖过低,体力已经不能保证身体运动的需要,应停止游泳,立即上岸,喝一些含糖量高的饮料,即使有所缓解也不要再下水;发生抽筋,可以仰躺在水面,慢慢游到岸边,也可以仰躺,把抽筋的腿(一般为腿肚子抽筋)伸直,脚趾头上翘,再用手把脚尖往上扳,要不怕疼,也可以向周围的人求助,让他们把自己带到岸上;呛水时切忌慌张,否则会吸入更多的水,要调整呼吸,尽力使自己平静,原地踩水,再把呛入鼻腔的水轻轻擤出。

应对大火意外

大火无情之时要运用智勇救自己于危难之中。面对滚滚浓烟和熊熊烈焰,只要能够冷静机智运用火场自救逃生知识,就极可能拯救自己。可以以游戏的形式进行应急逃生演习,对常去的建筑物的结构及逃生路径了如指掌,熟悉消防设施的使用方法。这样,一旦火灾发生时,就不会觉得走投无路了。去陌生环境,如商场购物、入住酒店时,有意留心疏散通道、安全出口及楼梯方位等,以便关键时候能尽快逃离现场。发生意外,心中保持镇静,迅速判断危险地点和安全地点,决定逃生的办法,尽快撤离险地。撤离时注意,要尽量往楼层下面跑,若通道已被烟火封阻,则应该背向烟火方向离开,通过阳台等,往室外逃生。要尽快撤离,不要把宝贵的逃生时间浪费在寻找、搬移贵重物品上。已经逃离险境,切莫重返险地,自投火网。

逃生时,将衣服打湿,或头顶湿棉被,用湿毛巾掩住口鼻。逃跑中,逐一检查门的把手,如果是凉的,把门慢慢打开从此处逃生;如果是热的,则要另寻他路。如果屋中烟雾弥漫,应把身子尽量放低。身处高楼,要沿着楼梯跑,千万不要坐电梯。如果发现身上也烧着了,不可惊慌狂奔或用手拍打,应赶紧设法脱掉衣服或就地打滚,压灭火苗;及时跳进水中或让人向身上浇水,喷灭火剂会更有效。

一旦发现火势较猛时,不要贸然自行灭火。尽可能拨打119寻求救援。尽量待在阳台、窗口等易于被人发现和能避免烟火近身的地方,及时发出有效的求救信号,引起救援者的注意。即使被烟气窒息失去自救能力时,也应尽力滚到墙边或门边,便于消防人员寻找、营救。

俗话说："天有不测风云，人有旦夕祸福。"人生在世难免会陷入险境、受到危害，只有随机应变才能转危为安、化险为夷。所以，要懂得在平时未雨绸缪，在生活中常常抱有十二分的小心，好好学习应对意外的常识。

训练自救能力

在平时，我们要有意识地训练自救能力，设想出各种自救方法并进行演习。这种活动既是游戏，又是模拟练习，能培养自己临危不惧、机智勇敢的品质。还要知道火警电话119，匪警电话110，急救电话120，知道在危急时刻去拨打这些电话。这将有助于我们尽快摆脱父母的庇护，成为一个有生存能力的个体。

▶ 身体力行

1. 不要露富。不要到处宣扬家庭多么有钱，父母多么有地位，这样做就会引来骗子对我们的关注。

2. 如果万一遭遇歹徒，不要盲目呼救，鲁莽搏斗。要保持冷静，要学会智取，可以假装若无其事甚至与他谈得来，与其周旋，拖延时间，然后尽快向大庭广众之处靠近，找机会脱身，或者寻求他人的帮助。

3. 时刻保持谨慎，小心地对待生活，防患于未然。要懂得用"显微镜"观察周围的环境：学会识别诱惑，不贪小恩小惠；在有人威逼你做有危险的事、父母老师不允许做的事或者是自己不愿意做的事时，要勇敢拒绝；不去不安全的地方。

4. 不轻信陌生人。不要轻信陌生人的话或吃陌生人给的东西，不要随便跟陌生人说话，跟陌生人走等；对于陌生人问路或请求帮助寻找丢失的东西之类的事应保持警惕，不要轻易相信；要知道任何人，也包括警察，在未得到监护人允许的情况下，都不能将我们带走。

5. 学会自我保护。不轻易去这些地方：不了解情况的同学家；狭窄幽静，灯光昏暗的胡同和地下通道；无人管理的公共厕所，高楼内的电梯，无人居住的空屋；晚间的电影院、歌厅、舞厅、游戏厅、台球厅，网吧，酒吧等；陌生的私人车辆……

6. 与人交往保持距离。身体的任何部位不能允许异性随便亲近和抚摸，当然也不要听信谗言诱惑，亲近和抚摸异性身体的任何部位；女孩子要避免与男子单独接触，也包括男教师在内；要主动疏远那些特别爱谈"性"的人；一旦受到了性侵害，要尽快告诉父母或报警，切不可害羞、胆怯、延误时间，让坏人逍遥法外。

▶ 90. 注意校园安全

在学校,体育运动会给我们的身心带来好处,使之发育良好,体型健美,意志坚强。若是缺乏自我保护的科学方法,就容易造成伤害。另外,实验课的自我保护、课间休息时的自我保护等都非常重要。

张玉是一名初中女生。

一天的体育课上,她们班在操场上练习投铅球。刚开始时,同学们还按老师的要求排队,按照次序一个一个上场练,快要下课时,很多同学开始不听老师招呼,跑到场边看别的同学投掷,有的同学还叽叽喳喳地说话,甚至还有学生在嘻嘻哈哈地打闹。

突然,一个同学不小心把铅球投出了场地,直接向站在场边的学生飞来,击中了张玉。张玉顿时倒地,头部血流不止,被学校送医院急救,后来住院近一个月才治好。

还有一位女同学穿着系有长条飘带的衬衫上体育课,项目是爬绳练习。这位女同学的臂力很好,很快就爬到了顶端,然后她想快速滑下来。没想到,飘带挂在了顶端粗粗的绳钩上。

就在她顺势下滑的一刹那,飘带死死地勒住了她的脖子。如果不是体育老师眼疾手快,她会被这美丽的飘带活活地吊死在训练器架上。

多运动有利于身体健康,但在上体育课、进行体育锻炼,以及参加体育比赛时,如果不注意安全,就很容易发生事故。所以,我们一定要保证安全。

在体育锻炼前要做好准备

在体育锻炼前就应该做好准备工作,确保自己处于运动的最佳状态。

首先,先检查场地和器械的安全性。仔细检查器械的螺丝是否松动,如存在隐患，要立刻修好，场地上不能有钉子、木块、砖石等杂物，同时也要注意器械和场地的卫生状况。

其次，根据身体状况做合适的锻炼。如果睡眠不足，有过度疲劳感，受精神刺激后，患重感冒、痢疾或其他身体不适的情形，应该中止或改换轻度运动。

再次，吃东西后30~60分钟内应该注意避免运动，否则，就会刺激肠胃或者造成体内血液分配失调，损伤身体。

最后，准备活动一般可以采取快走、慢跑及原地连续性徒手体操等全身性活动的形式。这些活动能加强四肢关节活动，有助于提高一般性运动的能力。之后，可以再做一些与主项运动内容有关的练习动作，这样可促使大脑皮质中的运动中枢兴奋性达到适宜水平，为身体状态达到最佳做好充分的准备。

另外，还要注意，不要穿皮鞋、塑料底鞋、高跟鞋；不要戴帽子、手套、围巾；不要穿大衣、裙子；衣服口袋不要装有尖角或硬的器物；不要嬉笑打闹。

注意校园其他安全隐患

实际上，体育活动仅是校园安全隐患之一，其他的有食物中毒、交通事故、网络交友安全、火灾火险、溺水、毒品危害、性侵犯、艾滋病等20多种。

在全国各类安全事故中，学校安全事故占有很大的比重。据了解，我国每年约有1.6万名中小学生非正常死亡：中小学生因安全事故、食物中毒、溺水、自杀等死亡的，平均每天有40多人，就是说，几乎每天有一个班的学生"消失"。

当前，中小学生中相继出现了很多因为思想、心理、行为等偏差而引发的伤亡事件，暴露出了当前学生在思想上、心理上和行为上具有普遍性的安全隐患。这一个个悲剧触目惊心，叫人扼腕叹息、心有余悸，同时，也对我们敲响了警钟。

生命安全构筑人生幸福

生命，是一个鲜活的词语；安全，是一个古老的话题；幸福，是我们一生所追求的。我们一人安全，全家人都会幸福；我们的生命至上，我们以安全为天。我们的生命只有在安全中才能永葆活力，幸福只有在安全中才能永具魅力。是安全构筑了我们美好的家园，成为连接亲朋好友的纽带。

在安全问题上,我们不能有半点的麻痹和侥幸;在安全问题上,我们必须要防范在先、警惕在前,必须要合于规矩,必须谨慎行事;在安全问题上,我们必须要树立"安全第一"的意识,时时、事事、处处讲安全。

我们一定要切切实实地将安全牢记于心,吸取那些触目惊心的事件所带来的教训,为自己的一生平安负起责任来。

▶身体力行

1. 上体育课着装方面注意:衣服应穿得朴素大方,宽松合体,不能穿有飘带的衣服或围长围巾,有条件的应穿校服或运动服;要穿防滑有弹性的胶底鞋;衣兜应掏空,摘掉胸针、校徽,女生摘掉发卡等饰物;做垫上运动、打篮球等剧烈活动时,必须摘下眼镜。

2. 上体育课准备活动注意:要做全身准备活动,以防肌肉拉伤、扭伤;服从老师的指导,听从老师的口令;要严肃,运动场上不能嘻嘻哈哈,垫上运动时不能说话,否则容易扭伤颈部,会伤害脊柱或大脑。

3. 实验课上要注意:在学校上实验课,一定要注意严格按照操作规程去做;酒精着火,不宜用水扑,最好用湿的衣物捂,或用细沙掩埋;在化学实验中,如果酸碱不慎滴、溅到皮肤上或进入眼中,要立即用清水冲洗,时间不得少于 10 分钟,严重时,冲洗后应立即送医院。

4. 在课间休息时,要避免打斗。因为凡属于突然性的打斗都很危险,更不要去"袭击"别人,也要注意不受侵犯。有的游戏很危险,也不可以玩。

▶ 91. 注意家庭安全

安全是一个家庭幸福的保证,事故是人生悲剧的祸根。我们居家时,应该时时注意"安全"这两个字,才能把危险事件的发生率降到最低,才能让家庭保持一份祥和、快乐。

一天晚上，深圳一位7岁的小学生袁媛写完作业后，发现爸爸、妈妈被煤气熏倒在家中的浴室里。

面对这种可怕的情景，她不慌不忙，沉着冷静。当时，她第一个反应就是迅速关上液化气罐阀门，然后用衣架捅开窗户通风换气。

由于现场残存有煤气，她担心打电话可能引起爆炸或火灾，就拿起爸爸的手机跑到外面，拨打110、120，在电话中她简洁、清楚、准确地说明了自己家的地址。之后，她还打通了几名亲戚的电话求救。

接到报警，民警和医生在3分钟内就赶到了现场，挽救了她父母的生命。

一年后，由公安部和中央电视台联合推出的"中国骄傲"评选正式揭晓，共有6人当选，袁媛就是其中的一位。

袁媛的故事说明，很多时候，那些意外并不是发生在户外、学校，恰好发生在"最安全"的家里。试想，如果她没有足够的安全常识，一时惊慌失措，抓起室内电话就报警，那么等待她的会是什么样的后果？所以，在家庭生活中，我们仍然有许多事情需要加倍注意，需要小心对待，否则很容易发生危险。

安全用电

要知道家中的电源总开关在哪里，遇到紧急情况时怎样关总电源，切断了总开关也就为抢救生命赢得了时间。如果发现有人触电，要设法及时关掉电源，要踩在木板上救人，或用干木棍等将触电者与电器分开，避免直接接触触电者……

任何时候都要注意不要让身体或手中的物品成为电的"良导体"，比如不要用湿手触摸电器，不要用湿布擦拭电器等。要知道家用电器的使用方法，比如，向父母请教，或阅读使用说明书，尤其要读懂注意事项。另外，不要随意拆卸、安装电源线路、插座、插头等。

正确使用煤气

悲剧一再告诉我们：煤气爆炸很多时候都是因为疏忽引起的，因为水沸溢出来浇灭火焰，而煤气继续冒出，就会造成中毒、爆炸等事故。所以，当燃气灶在工作时，我们不要轻易离开，如果确实需要较长时间离开，就应该关掉灶具。一旦煤气泄露,一定不要用室内电话报警,而应该马上关闭阀门,打开门窗通风,然后一定要到室外找电话报警。同时,也不要开关电灯。

学会防盗

在家中时,我们要随手关窗,随手锁门,千万不要怕麻烦。我们不要邀请不熟悉的人到家中做客,以防"引狼入室",造成不可预测的后果。注意保管好钥匙,不能随便借给他人或乱丢乱放。

让家成为安全的港湾

家,一个动人的词汇,是我们温暖的港湾。在我们心中,这个港湾是"安全"的代名词,因为有父母的关心、爱护,家中似乎并不存在危险。但是,家中依然有着诸多不安全因素。

当我们独自在家时,一定要锁好屋门,如果有人敲门,千万不可盲目开门,应首先通过"猫眼儿"观察,或是隔着门问清楚来人的身份,对于那些自称是推销员、修理工的人不予理睬;更不要轻信来者是送礼品或送大奖的;如果有人以父母的同事、朋友或者远方亲戚的身份要求开门,也不能轻信,不能开门。

遇到陌生人不肯离去,坚持要进入室内的情况,可以声称要打电话报警,或者到阳台、窗口高声呼喊,向邻居、行人求援,以迫使其离去。

▶ 身体力行

1. 了解一些自然常识。比如,下雷雨时不得站在大树下,不要靠墙根走,也不要拨打和接听电话,刮大风下大雨时应及时进室内等。

2. 记住父母的姓名、家庭住址、工作单位、电话号码,了解家庭所在地周围的环境等。

3. 认识药品,了解一般常识。切勿品尝那些包装精致、外形美观的药品。认识常用药品,如感冒药、创可贴、清凉油等,了解药品的名称、用途、用法。

4. 认识家用电器。不要乱触摸冰箱、电视机、洗衣机、液化气灶具、抽油烟机等电器用品,以免触电、煤气外泄引起中毒或爆炸。要事先学会正确的使用方法,以免发生意外。另外,也要注意电器的使用环境,电器长期搁置不用,容易受潮、受腐蚀而损坏，重新使用前需要认真检查。不要在浴室等潮湿的环境下使用电器，更不能让电器淋湿、受潮。

▶ 92. 多与大自然亲密接触

如果我们还感觉自己承受着太多的寂寞，那么试一下吧，放下一切的沉重，给心情放个假，让自己与大自然亲密接触一下，把心情融入到大自然里，尽情地欢呼，雀跃……

德国大哲学家康德曾经说：

有两种东西，我们对它们的思考越是深沉和持久，它们所唤起的那种越来越大的惊奇和敬畏就会充溢我们的心，其中之一就是美丽而神秘的大自然。

茫茫的宇宙之中，地球是我们迄今为止知道有生命存在的唯一星球，是我们人类赖以生存的家园。当我们凝视遥远而灿烂的星空、迎着初升的朝阳、沐着雨露，欣赏这多姿多彩的大自然时，我们就一定会感受到大自然那无与伦比的智慧带给我们的心灵震撼和敬畏！

我们可以找个周末或节假日，约上三五个好朋友，或与父母一起，背上行囊，到自己心仪的地方走一走，看一看，我们就会有一个不一样的感觉。因为沿途会有花，有草，有树，有鸟……一切都是那么美好！

一路上，我们可以观察自然和人类，可以体验生命的原色，可以欢笑，可以歌唱，也可以打打闹闹……把自己不愉快的心情和压力都抛到脑后。相信我们一定会深切地感受到大自然的珍贵，感受到每天的烦恼是多么没有意义，也一定会获得无与伦比的放松感觉和自由心情。

大自然的魅力无限

一旦与大自然亲密接触,我们就会感受到大自然的魅力,也能感觉到大自然带给我们的震撼。我们追求精神,我们拥抱自然。我们一路走来,户外的美景、新鲜的空气、阳光、蓝天、芬芳的泥土,这些都与我们相依相伴,它们带给我们心灵的美感。

我们会迎接那火红的旭日带来初升的热情,会让脚步悠闲地漫步于花草丛中,会呼吸花儿的清香;也会欣赏大自然的青山绿水,享受灿烂的阳光,静静地聆听鸟儿的歌唱,感受大自然质朴的温情。

面对大自然,我们不需要做什么有形的思考,仅仅做一种感情的沟通就够了,在这种交流中,我们会感到有无形的力量潜入自己的身体,给我们无限的信心和力量。究其原因,也许是大自然太伟大、太震撼人心了吧,它是取之不尽、用之不竭的力量的源泉,神秘而深邃。当然,它也会激发我们无穷的想象力。

大自然是宁静的,身处自然中,我们能够听到自己心跳的声音,感受到脉搏的真实跳动,也可以感受到生命对我们是真实的存在。在这个没有喧嚣的世界,我们可以闭上双眼,静静地用绚烂的山花编织一个个美丽的梦。

享受大自然的恩惠

在大自然里,我们可以自由地享受它的恩惠,不必担心灰尘会蒙住我们的眼睛或心灵,因为那里新鲜的空气可以净化一切;也不必担心噪声会吵得我们头昏目眩,因为树上鸟儿清脆的叫声会让我们倍感亲切……蓝天、白云映射入清澈见底的溪流;和煦的风吹动着柔柔的红花绿草,引来蜂蝶翩翩起舞……

让我们真正感受大自然的魅力吧!很多时候,大自然流淌在山涧中,会留下一串串美丽的回忆,有时大自然徘徊在孤舟上,会留下一首首动人的诗篇。我们也可以在大自然的五线谱上弹奏出一个个婉转动听的乐章来。

与大自然亲密接触

与大自然亲密接触,能让我们增智,让我们的视野变得更开阔。大自然就像一本书,不去与它亲密接触的人只读到了其中的一页。

零距离感受大自然的真谛,感受雨后的清新,感受花蕊与蝴蝶的倾心之恋;大自然中的山川花草之美就在于分明的色彩及雄浑的身姿;穿梭于艺术品和绿地之间,我们也会感受人文和大自然和谐相处之美。相信,与大自然接触得越多,我们的生命就会越精彩。

▶ **身体力行**

1. 提前做准备。一旦决定与大自然亲密接触,应该做一些必要的准备,比如,安排不要太操劳,行程要尽量轻松,以不感到疲劳为宜;随身备好外套风披,以保暖和挡风雨;准备一些零食,如饼干、水等。

2. 出发前,尽可能地放松心情。只想怎样更好地亲近大自然。

3. 学会在野外辨别方向,掌握步行和登山的常识。这样,在大自然中不仅会眼界大开,获得莫大的愉快,而且,还能学到许多有益的知识。

4. 把亲近大自然的经历记录下来,总结心得体会。

▶ 93. 保护环境,从我做起

空气污染、物种灭绝等一系列环境问题时刻都在困扰着这个世界。但这又是谁一手造成的呢？是人类。当人们遏制不住自己的贪欲,一味地向大自然索取,而没有丝毫的感恩和回报时,灾难就落到了人类身上,当大自然对人类无休止地报复时,人类终于觉醒了,明白了环境保护的重要性。现在,我们要保护环境,从我做起。

1953年,在日本九州熊本县的水俣镇发生了一场奇怪的流行病。首先是出现了大批病猫,这些猫就像疯了一样,步态不稳,抽筋麻痹,最后跳入水中溺死,当地人谓之"猫自杀"。不久之后,又出现了一批莫名其妙的病人,开始时只是口齿不清,步态不稳,面部痴呆,进而耳聋眼瞎,全身麻木,最后精神失常,一会儿酣睡,一会儿兴奋异常,身体弯弓狂叫而死。

多年之后,科学家们才找到这种怪病的起因:汞中毒。在调查中,把猫死人病的各种现象联系起来分析,初步找到吃鱼中毒这个共同受害的根源。原来,在水俣镇有一家合醋酸的工厂,在生产过程中用汞来做催化剂,然后把大量的含汞废水排进了水俣湾。

汞的毒性很大,在水中微生物作用下,转化成毒性更大的甲基汞,在鱼、贝等体内富集,人吃了这些被甲基汞污染的生物才得了可怕的水俣病。甲基汞会聚集在人脑中,损害脑神经系统,因此猫与人都疯了。

1972 年,据日本环境厅统计,仅水俣镇受害的居民已有 1 万人左右。1979 年,当地政府对违规排放含汞废水的企业和其负责人依法进行了制裁。这是日本历史上第一次追究公害犯罪者的刑事责任。

早晨,当我们睁开双眼,看到了第一缕阳光掠过眼帘,走出门去,我们身处郁郁葱葱的世界,耳边是悦耳动听的鸟声,还有新鲜的空气扑面而来。所有的一切是那么的美好,可惜的是,像这种情况在当前社会越来越少见了。

越来越多的空气污染和噪音剥夺了我们享受生活的乐趣。当灰蒙蒙的天空弥漫着雾霾和黑烟、周围都是嘈杂喧哗声时,你会作何感想?

这一切都是人类自己种下的苦果。有首印第安歌谣这样唱道:"只有当最后一棵树被刨,最后一条河中毒,最后一条鱼被捕,你们才会发觉,钱财不能吃……"这首古老的歌谣,令人感慨万千。

人与自然共存共荣

人与自然,是相互依赖,共存共荣的两兄弟。当人类对大自然多一分保护和关怀,我们人类也会得到大自然的回馈;反之,如果人类用专横暴戾对待大自然,大自然对待人类的报应也是冷酷无情的。

很多人总是在讲"热爱祖国",其实"热爱祖国"不仅仅是一种口号,还是一种生活方式。这种热爱的具体体现是:节约能源、减少生活垃圾、不污染环境。保护环境是我们每一个人共同的责任。在地球环境日益恶化的今天,对环境的爱护已不仅仅是一种经济行为,而是一种道德行为。

保护环境要靠行动

现在,全国许多学校在举办"绿色校园"的活动。

不仅仅是在学校里,在生活中,我们也可以做一些力所能及的事情来保护环境。一位同学在上完环保知识课后说:"环保其实并没有那么复杂,比如,及时关灯、洗手用小水流、不乱扔垃圾等等,都是我们能做的。"这位同学说得很对,"勿以善小而不为",保护环境正是从点滴的小事做起。一个小小的举动也许并不起眼,可是如果全世界每个人都能这样做的话,我们生存的环境必定会大有改观。

如果你已经做到了,这意味着你已经对保护环境作出了一点贡献,如果你还没有开始做,那么,从今天就开始做吧！用实际行动影响更多的人！

▶ **身体力行**

1. 用环保布袋取代塑料方便袋。要知道,生产 1 个塑料袋要耗费 0.04 克标准煤,相应地排放二氧化碳 0.1 克,别看这个数字不大,但是,由于塑料袋日常用量极大,如果全国减少 10% 的塑料袋使用量,那么每年可以节能约 1.2 万吨标准煤,减排二氧化碳 3.1 万吨。所以,我们要用环保布袋来代替塑料方便袋,这样做不仅能为国家节省能源,还能保护环境。

2. 不使用一次性筷子。一次性筷子虽然使用方便,但是其危害也很大。一次性筷子卫生不达标,长期使用危害健康。最重要的是,一次性筷子对林木资源也是极大的浪费。我国每年消耗一次性筷子 450 亿双,耗费木材 166 万立方米,需要砍伐大约 2500 万棵大树,减少森林面积 200 万平方米。

3. 妥善处置垃圾。垃圾通常是先被送到堆放场,然后再送去填埋。处理一吨垃圾的费用约为 200 ~ 300 元。如果能在源头将垃圾分类投放,那么,很多垃圾就会通过分类重新变成资源。在我国,垃圾一般可分为四大类:可回收垃圾、厨余垃圾、有害垃圾和其他垃圾。我们应该将一些可以回收的垃圾,比如纸张、塑料、废金属等和其他垃圾分开放置,这样做可以有利于资源回收。

4. 节约用水,合理用水。水是地球的血液,我们要珍惜每一滴水。在生活中,要节约用水,及时关闭水龙头。此外,也要学会"循环用水"。比如,洗菜和洗衣服的净水可以用来冲厕所。对于水的合理利用,需要我们用心去探索。

▶ 94. 给希望工程捐点钱

> 把零花钱捐给希望工程，就是在奉献自己的一份爱心，就是在为那些贫困地区失学的孩子还在尽自己的一份力量。捐的钱可能并不多，但爱心无价。行动起来吧，为希望工程捐点钱。

刘君颢是希望工程小天使行动的成员，她借来北京参加马拉松比赛儿童跑的机会，向中国青少年发展基金会捐了 79.05 元，帮助和她一样的贫困孩子。

小君颢的家乡在 5·12 大地震的重灾区四川省绵竹市。地震发生后，小君颢就读的学校严重损毁，在社会各界爱心人士的帮助下，中国青少年发展基金会为孩子们建成了活动板房抗震希望教室。很快，小君颢和她的同学们就在板房教室里开始了学习生活。

通过希望工程小天使行动，小君颢和她的同学们认识了北京的许多同龄小朋友。孩子们在去绵竹和来北京的互访活动中，加深了友谊，增进了了解，从各自身上学到许多优秀品质。在得到社会各界人士的爱心帮助后，小君颢决定把自己长期攒的零花钱捐出来，帮助在学习生活中遇到困难的小朋友。

小君颢说："在地震发生后，我们得到了许多陌生的叔叔阿姨们的关心和帮助，让我们尽快从灾难的困境中走出来。我觉得我们非但可以获得爱，也可以奉献爱，这样就把爱的火炬传递了下去。"

在接收刘君颢的捐款时，希望工程小天使行动的工作人员觉得既感动又欣慰。

希望工程是怎么一回事呢？我们了解吗？

认识希望工程

希望工程是共青团中央、中国青少年发展基金会以救助贫困地区失学少年儿童为目的，于 1989 年发起的一项伟大的公益事业，宗旨是资助贫困地区失学儿童重返校园，建设希望小学，改善农村办学条件。

希望工程的实施，改变了一大批失学孩子的命运，改善了贫困地区的办学条件，唤起了全社会的重教意识，促进了基础教育的发展；弘扬了扶贫济困、助人为乐的优良传统，推动了社会主义精神文明建设。

一位为希望工程捐款的年轻人这样说："每次看到电视里播放贫困孩子们那种渴望上学的表情时，我的鼻子都酸酸的，眼泪也会情不自禁地流下来，我高中毕业后放弃了考大学，一个重要原因就是当时家里经济比较困难。所以，我想为那些贫困的孩子尽一点力。"

还有一位退休老人曹绍烈，已经给希望工程捐款整整5年了。老人身体还有病，生活很节俭。老人说："我要捐到生命停止的那一天！"一名退休老人，不图名、不图利，这种奉献精神让人感动。如果我们每一位同学也能尽自己的一点微薄之力，为希望工程捐一点钱，让所有的孩子都能上学就不再是梦！

奉献是一种境界

为希望工程捐款就是奉献，而奉献就是真诚地付出，是双手捧出的一颗火热的心，无私且不企求回报。所以，奉献不是为自己的利益而是为人民作出贡献。"无私奉献"这个词对行为的动机表达得也很明确，即是没有私心杂念，无偿地、不计较报酬地为人民做贡献。由此，奉献给人们带来的是一种心灵的启迪和震撼；奉献是一种精神，是一种境界，更是一种情怀。

让自己行动起来吧

如果我们手里的零花钱还比较充裕，那就行动起来吧，不要再等待，不要再犹豫，奉献爱心、服务社会是我们每个人义不容辞的责任。从我做起，用自己的具体行动对祖国、对社会、对他人奉献爱心，谱写出壮丽的人生篇章。

▶ 身体力行

1. 在生活中要节俭，尽量多节省一些零花钱，把这些钱捐给希望工程。

2. 如果想为希望工程捐款，可以联系当地青少年发展基金会，也可以联系中国青少年发展基金会，具体的联系和捐助方式可以通过网络查询。

3. 参与一些公益活动，如做一名环保志愿者；也可以定期到孤儿院陪伴孩子们，到敬老院看望孤寡老人；还可以参与社区服务，如打扫卫生等。

▶ 95. 不给明天预设"烦恼"

> 很多人是自寻烦恼，怀着忧虑度过每一天。因为他们早已经为明天预设了烦恼，各种的烦恼。他们设想会在明天遇到某种麻烦，实际上，这只会让他们徒增今天的烦恼。我们应该把握好今天，活在当下。

一位心理学家做了一个非常有趣的实验。

他要求一些实验者在星期天晚上，把未来 7 天所有烦恼的事情都写下来，然后投进一个很大的"烦恼箱"。

在第三个星期的最后一天，他在实验者面前打开这个箱子，逐一与实验者核对每项"烦恼"。结果发现，其中有 90% 的烦恼并没有真正发生！

他又要求实验者把剩下仍是烦恼的事情再重新丢进了那只大箱子？又过了 3 个星期，他再开箱时，实验者发现，那些烦恼也不再是烦恼了。

由此，心理学家得出了这样的结论：

绝大部分烦恼都是自找的，这就是所谓的"自寻烦恼"。统计表明，一般人的忧虑有 40% 是属于过去的，有 50% 是属于未来的，只有 10% 属于现在，而 92% 的忧虑根本就从来没有发生过，而且永远也不会发生，剩下的 8% 则是烦恼者可以轻易应付的。

有人说："忧虑是涓涓流过心灵的恐惧之溪，若水势过大，能形成河流，把其他想法冲走？"所以，我们一定不要忧虑还没有发生的事，不要让忧虑占领我们的思绪。要相信，烦恼一定会过去。与其为明天而忧虑，不如把今天的事做好。

不要为明天而忧虑

忧虑是无济于事的，要发生的事总会发生的，而没有发生的事也用不着担心它会发生。忧虑过多，烦恼过多，不仅会给自己带来压力，而且连周围的人也感受到我们的忧虑。实际上，让我们的生活陷入一片愁云的是忧虑本身，而并非我们所忧虑的会发生的事。

在我们周围，有很多同学在预支各种烦恼，在每时每刻都折磨着一些人的心神。我们还在学习打基础的过程中，一些同学就不自觉地为前途担忧，希望未来能够出人头地，能够赚很多的钱。于是，他们一会儿沉思，一会儿唉声叹气……

其实，日子还是一天天地过，任何的烦恼都无益于我们的人生，无益于我们的生活，所以，千万不要为明天而烦恼什么。明天的事情永远难以预料，今天是解决不了的。所以，我们应该抓紧时间做好今天的功课。

奥斯勒教授是美国著名医学家，在他98岁时，他说自己的长寿秘诀是："经常说'今日最好'。"对于明天，他说："我们不要为明天忧虑，不要为还没有发生的事情而忧虑。"是啊，把明天的烦恼预支出来，只能让今天不快乐。

烦恼是想出来的

俗话说："人生不满百，常怀千岁忧。"许多烦心的事情和忧愁都是自己给自己绑的绳索。所以，不预支明天的烦恼才是最为明智的。

善待生命的每一天，珍惜现在的拥有，我们将与烦恼说再见，将会脚踏实地走好前进中的每一步，人生将会充满阳光，将会创造奇迹。

▶身体力行

1. 当你为明天而烦恼时，请记住一句话：船到桥头自然直，车到山前必有路！
2. 保持一颗坚强的心，即使有任何的困难出现，也要去坦然地面对，去解决。
3. 不要担心着未来，而又忘了现在。要告诫自己：活在当下，把握好今天！

▶ 96. 不要生活在虚荣中

虚荣心是自尊心的过分表现,是一种虚妄的荣耀,也是掩耳盗铃在今天的诠释,更是无知的人最想依赖而又最靠不住的心灵稻草。一个爱慕虚荣的人,很容易就被赞美之词所迷惑,甚至不能自持而走向一个虚幻的世界。所以,不要让自己活在虚荣中。

小说《项链》是法国著名作家莫泊桑的作品。

在小说中,莫泊桑描写了一个漂亮的主人公玛蒂尔德,她为了满足自己的虚荣心,图一时之痛快,从她的朋友那里借来了一条钻石项。结果不幸的是,项链丢失了。玛蒂尔德为了赔偿别人的项链,辛辛苦苦工作了 10 年。

直到最后,玛蒂尔德才知道,原来她向朋友借的钻石项链,实际上是一条并不值钱的假项链。而为此,她付出了一生最宝贵的年华和最璀璨的青春。

虽然这是一个很古老的故事了,但是,我们还是能够时时想想这个可悲而又可怜的女人,一时的虚荣毁掉了她一生的幸福。

不要让心被虚荣奴役

虚荣心,通俗来说就是"打肿脸充胖子"。这些都是"打肿脸充胖子"的行为:喜欢谈论有名的亲戚、朋友或以与名人交往为荣;热衷于时髦服装;即使饿得不行也不愿进低等餐馆;不懂装懂,海阔天空;对名著、影片等只求一知半解,夸夸其谈;对表扬沾沾自喜,对批评耿耿于怀;表面热情,讨好他人,内心冷漠;凡事讲排场,摆阔气;当同学的成绩或某方面强于自己时,便感到不高兴、不服气……可见,一个人的心往往会被虚荣所奴役。

虚荣心是一种扭曲心理

虚荣心是一种扭曲了的心理。虚荣心不仅会影响到我们的生活、学习以及人际关系，而且对于我们的心理和生理发育都会造成极大危害。

祈求得到他人认可就是虚荣心在作怪，这是非常有害的，这样的人生注定会有许多痛苦和挫折。我们要知道，活在别人的标准和眼光中是一种痛苦，更是一种悲哀。所以，如果我们想获得人生幸福，就要让自己保持一种真我的感觉，让自己脱离建立在别人基础上的参照。

一个具有虚荣心的人会用扭曲的方式表现所谓的"自尊心"和"荣誉感"，追求"面子工程"，不顾条件和现实去追求虚假的声誉，也正是这种虚荣心能让一个人的心理彻底扭曲。虚荣心会让我们走上歧途。所以，无论如何都要远离虚荣心。

不活在他人的标准中

不活在他人的标准中能够给我们带来很多显而易见的好处。抛开他人的标准，我们就会注重自己的感觉，就会发现自己已经不会再向以前那样轻易发怒了，也不会感到孤立，更不会千方百计、绞尽脑汁地去迎合别人的喜好，来换取别人的认同了。

虚荣心是一种递增的发展事物，就好像一只被吹起来的气球，总是希望越吹越大。人的虚荣心可以说是无限的，当满足了一个愿望之后，随之又会产生两三个愿望，就像俗话说的"做了皇帝还想做神仙"一样。

别让虚荣心阻碍了成长

调查表明，目前我国有20.1%的学生存在较强的虚荣心。虚荣心往往会导致我们产生其他心理问题，会阻碍我们的健康成长。比如，有的同学为了满足虚荣心而经常说谎，情绪不稳定，不认真学习，甚至走上自我毁灭的道路。虚荣心对我们来说，是十分可怕的。

我们都非常珍惜自己的荣誉，爱护自己的名声，但是，也要防止滋生虚荣心理。我们应该努力加强自身道德修养，摒弃虚荣心，做一个品格高尚的人。

▶**身体力行**

1. 充分认识虚荣心的危害。虚荣心有碍道德品质的提升，在不经意间就可能让自己走向自私、虚伪、欺骗甚至是犯罪的歧途；有碍自身进步成长，容易盲目自满，缺乏自知之明等；导致情感失控，一旦自身条件满足不了日益膨胀的虚荣心，就会怨天尤人。

2. 正确认识自己和周围的人。正确评价自己的优缺点，敢于正视自己的不足，建立自信心。这样，才不会因为他人的赞美和恭维而迷失方向；只有正确认识周围的人，才不会被他们的标准价值、审美情趣所迷惑。

3. 拥有正确的价值观。正确地对待名誉，不要热衷于表面空有的虚名，注意实际能力的培养。不为名声、形象所累。

4. 展示真实自我。自己是什么人就表现什么样，有什么想法就说出来，不应该让自己出现自夸、说谎、嫉妒等不良行为。

5. 不要祈求别人的认可。我就是我，要在生活中保持一颗平常心。

▶ 97. 不盲目与别人攀比

人生没有永远的赢家，千万别让攀比扰乱了自己的心理平衡。一位哲人曾说，与他人攀比是懦夫的行为，与自己攀比才是真正的英雄，每天都要"德日进，过日少"，生活就会多一分满足和快乐。

有一位年轻人总是抱怨运气不好，生活不幸福，所以，他每天都是一副愁眉苦脸的样子。一天，一位智慧的老人在年轻人身边走过，问道："年轻人，你为什么不高兴呢？"

"我不明白我为什么老是这么穷，而别人却是那么富有！"

"穷？我看你很富有啊！"

"这话怎么讲呢？"年轻人问。

老人并没有直接回答，而是说："假如我今天折断你的一根手指，给你1000元，你干不干？"

"不干！"

"假如斩断你的手，给你10000元，你干不干？"

"不干！"

"假如让你变成80岁的老翁，给你100万元，你干不干？"

"不干！"

"假如让你马上死掉，给你1000万元，你干不干？"

"不干！"

"这就对了，你身上的钱已经超过1000万元了，你还不高兴吗？"

老人笑吟吟地走了，留下年轻人在思考。

可见，那些老让自己和他人攀比的人，他们心灵的空间一定挤满了太多的负累，从而没有机会也没有办法欣赏自己真正拥有的东西。

认识盲目攀比现象

盲目攀比通常以自我和虚荣为基础，追求"别人有的我要有，别人没有的我也要有"，以显示我和你一样，甚至我好过你，以此来获得心理满足。

在今天的学校园里，同学之间的盲目攀比现象无处不在、无时不有，不同年龄、不同性别、不同家庭背景、不同学业成绩的同学，都有基于自身特点的攀比心理和攀比行为。

盲目攀比现象形成了校园生活中不和谐的音符。盲目攀比现象透视出了青少年群体中的失落和迷茫。比如，有的沉溺于物质追求，在同学之间比生活条件，看谁吃得好、穿得靓，看谁花钱阔绰、发型新潮；有的对家境津津乐道，比谁的家庭金钱多、父母权力大、家里轿车的档次高、房子面积大……

凡此种种，都传达了一个信息：青少年所攀比的是"不该比的东西"，这是盲目攀比、畸形攀比。对人生观、价值观尚未定型的青少年来说，热衷于物质与享乐的追求，必将导致我们品行的变异、人生的沉沦，必将影响我们的思想、学业，影响我们的健康成长。

盲目攀比是要不得的

盲目攀比,会涣散我们的军心,会分散我们的精力;会惯坏我们的脾气,会增加我们的烦恼;会污染我们的思想,不利于提高我们的修养……

所以说,盲目攀比的心理是要不得的。一个人在这样的攀比心理支配下,会沉溺于外在的追寻,会丧失理想和志气,也会在攀比中助长自己的物质欲望而迷失前进的方向。我们要对物质上的盲目攀比坚决说"不",把更多精力用在学习上,为今后的人生道路打下扎实的基础。

攀比具有两面性

当然,攀比有盲目与别人比较,而不顾自己实际、不求长远目标、盲目与高标准相比的不良一面,也有明确的进取目标,有意识的、积极的、善意的、科学的与他人比较的良性一面。如果我们能够良性攀比,就能让自己奋发,就会出现与同学互相比学习、比孝敬父母、比尊敬师长、你追我赶、不甘示弱的局面,这将构成校园中一道亮丽的风景。

比如,在学习上,敢于同"尖子生"比,为了能够赶超他人,制订详细的学习计划,并脚踏实地付诸行动;在品德上,把标兵、模范作为自己做人的楷模,比做人的本领、比对集体的奉献、比各自的理想,在与同学的良性攀比中展示自己的特长,弥补自己的不足。

很多优秀的人,都是在这种良性攀比的过程中,提高了人生坐标,增强了严格要求自己的做人标准,从而成就了自己卓越的人生前程。

▶ 身体力行

1.远离物质攀比。学会理性消费,坚决摒弃"因为别人有某种东西,我也要有"的心态,不加重父母的经济负担。

2.珍惜自己拥有的一切。用"和自己赛跑,不和别人比较"的态度来面对生活的每一天。静下心来,放下心灵的负担,仔细品味自己已经拥有的一切!

3.和同学比学习,比勤奋,比文化修养,比孝敬父母……这种比较是我们积极成长的催化剂，会让我们的人生积极向上，这才是我们应该做的。

4.拿自己的今天比昨天。看自己的孝心是否增长了，看自己的德行是否进步了，看自己的过错是否减少了。这样与自己比下来，我们才会拥有幸福的人生。

▶ 98. 任何时候都不任性

任性就是放任自己，让自己"充分"自由，这是非常有害的。俄国寓言作家克雷洛夫曾这样建议人们："不要过分地醉心于放任自由，一点也不加以限制的自由，它的害处与危险实在不少。"

有个孩子非常任性。一天，妈妈带他到朋友家串门。回到家后，他突然发现自己一直攥在手里的高级糖不见了。那块高级糖是妈妈的朋友从国外带回来的，这个孩子的家里没有，但他还想要，于是就在地上打起滚来。妈妈看着哭得死去活来的他，硬着头皮敲开了朋友家的门……

这个孩子想要什么就一定能得到什么。很多年后，他长大了。他看上一个女孩子，想让她做女朋友。可是，那个女孩根本不喜欢他。这回，他没有躺在地上打滚，而是拿起一把刀割破了自己的手腕……

在医院，他被抢救过来后，又开始绝食。妈妈哭着对他说："不就是一个女孩吗？你的人生路还长着呢！好女孩有的是呀！"而他则恨恨地说："我就是喜欢她！"

在这个孩子看来，得到了是天经地义，而得不到就自伤自残。从一块糖开始，他就不断地得到满足，直到最终失去理智。可见，任性有多么可怕！很多孩子为了满足自己的某种需要，就会通过任性来要挟家长，这是非常不理智的行为。

任性的表现是什么

任性，即无拘无束、无法无天的状态。任性主要表现为固执，一意孤行，不听从别人的劝告,不考虑客观环境和条件如何,自己想说什么就说什么,想做什么就做什么,也不接受他人意见。任性,就是放任自己的性子而不加以约束。

一个人如果对自己的需要、愿望或要求一点儿都不克制,听凭秉性行事,不约束自己;抗拒和不服从外来的管教,或者表面上答应而内心不服,那基本可以判断他是个任性的人。

别养成任性的毛病

研究表明,任性的孩子难以合群,不适应群体生活,容易感到孤独,有时候甚至影响到家庭气氛。任性是缺乏自控能力的表现。我们不经意的任性或是自以为聪明的任性带给我们自己、带给他人的都可能是我们没办法预见到的后果。

一旦养成了任性的坏毛病,在性格上就会发生不良变化,就会变得一切以自我为中心,不遵守纪律,想干什么就干什么,进而变得心胸狭隘、性格孤僻、目中无人,很容易成为一个自私的人。即使他长大以后,走上了工作岗位,也不能与同事很好地相处……

可见,任性不仅会影响到个人的进步和发展,而且,他在社会上立足都很难。这样的人如果不克服任性的弱点,他就可能会让任性毁掉自己的前程。要清楚任性的危害,只有远离任性,我们才能进入一个洒脱的人生境界。

任性不是个性

现在,很多孩子很容易混淆"任性"和"个性",把任性误解为个性,比如,很多孩子把不遵规守矩、不讲道理认为是有个性,对此还沾沾自喜。如果这样,就会使得自己在个性与任性中分不清是与非,辨不出美与丑。在家中,在学校,全任着性子来,一旦有了缺点,父母讲不得,老师也说不得,稍受一点儿委屈,就接受不了。这是非常不可取的。

如果我们想做新时代的好孩子,就一定要早一天远离任性,也就早一天茁壮成长。如果一意孤行,任由自己性子不加约束,自己的人生一定不会光明平坦。

▶ **身体力行**

1.认识任性的危害。任性的孩子遇事往往容易激动，情绪波动大，我行我素，难以接受劝告，长期下去，会变得蛮横无理、胡作非为，甚至会造成不堪设想的后果。

2.培养自我情绪的控制力，避免情绪失控。要调节好心情，让好心情一直与自己结伴同行，这样就等于掌握了情绪的主动权。

3.参加集体活动约束自己。比如，可以参加团队活动，从中，我们感受到团队成员只有合作、齐心协力去完成同一件事情，才能取得胜利，从而摆脱任性、以自我为中心的不良定势，不再任性。

4.扩大视野，增长见识。走出去，多接触外界好的事物，这样，就会明白许多道理，就会改变过去的一些错误的做法。

5.培养是非观念，塑造良好性格。知道什么是对错，什么是好行为、坏习惯，并且不断增强"淑女"、"绅士"意识，使自己自觉地向好的行为习惯靠近。

▶ 99. 不要陷入追星的漩涡

今天很多孩子都喜欢追星，而且追星还成了"族"。其实，一旦陷入追星的漩涡，就会对我们的生活带来不利影响，严重的甚至会影响我们的人生发展。所以，不要盲目追星，要理智看待明星。

某市针对中小学生作了一次题为"追星族目前的现状和存在的问题"的问卷调查。结果显示：80%的人心目中都有明星偶像；30%的学生承认自己是追星族；98%的学生都承认追星对学习和生活有较大影响。

在甘肃省，有一位女青年迷恋刘德华，为了能去香港追刘德华，父母把家里的房子都卖掉了。父亲没有办法筹到她赴港追星的费用，竟然打算卖掉自己的肾,以圆他女儿所谓的梦想。最终,她再次见到了刘德华。遗憾的是,他的父亲在香港投海自尽。

而这位女青年从 16 岁开始就盲目追逐刘德华,是一个不折不扣的追星族。为此,12 年来她荒废了学业,父母为她付出了太多太多。

偶像的选择和追逐往往标志着一个人心智发展的程度。大多数的孩子追逐偶像,会模仿偶像举手投足的特点、效法偶像的生活方式。有的孩子会对偶像追逐到痴迷的状态,疯狂至极。过分迷恋偶像其实是心智发展不成熟的表现。

为什么要追星

很多同学对于自己喜欢什么、追求什么,在他们内心深处并不清楚,他们的认识还不成熟。偶像最先吸引他们的是表面的东西,而通过表面的现象就陷入疯狂的迷恋状态是一种不成熟的表现。

在一次关于"喜欢明星的原因"问卷调查中,接受调查的中小学生因明星外形气质原因的占 40%;因明星演技好、人品好的原因而喜欢的占到 30%;因其是自己的学习榜样原因的不足 10%;其余的偶像崇拜者大多是因为随别人喜欢的"大流"或偶尔看到就喜欢。

还有一个针对 1200 名中小学教师、家长、学生进行的调查。结果显示:孩子"追星"带有很大的盲目性,老师和家长都忧心忡忡。在回答"明星哪些方面带给小追星族的影响最大"时,71% 的被调查者回答"明星个性化的言行举止"高居首位,其余依次是:"衣着打扮""艺术特长",最后才是"明星在人生旅途中不屈的奋斗精神和对艺术的不懈追求等"。69% 的老师和家长认为"追星"使孩子一味仿效明星外表,注重物质享受;25% 的老师和家长认为"追星"会影响孩子学习。

不要盲目去追星

曾经有这样一个关于追星族的小品,小品中的追星女孩把明星开车溅到她衣服上的泥点子也视若珍宝。这种追星追到失去理智,变得偏执、疯狂的行为是非常可怕的。虽然这样追星追到疯狂的例子只是少数,但是却会给沉迷于追星的孩子带来严重的负面影响。有的同学为了见到喜欢的明星,不惜旷课、离家出走、骗取父母的钱。如此追星可能会造成追星的同学情绪失控、违反纪律、弄虚作假，久而久之发展成为问题孩子。

处于青春期的我们，心理还不成熟，阅历很浅，感情容易冲动，，甚至会做出一些不冷静的事来。比如，有的男同学，看着自己心目中漂亮的女明星，可能就会产生不好的念头；有的女同学过于迷恋某男星，如果这个男星结婚了，她就立刻感觉自己"受骗"了，就会变得精神沮丧；有的女同学甚至发誓非某"星"不嫁。如果追星追到了这种神魂颠倒的地步，肯定会影响学业，会影响身心健康发展。

所以说，作为孩子，我们不应该盲目追星。

明星是人不是神

明星跟正常的人没什么两样，许多"明星"的"外在美"都是包装出来的，媒体的吹捧也是一种广告行为。我们应该明白这些道理，把更多的时间用于学习，以实现自己的远大抱负。所以，不要在追星中迷失自己，要做好我们自己。

向真正的"星"学习

自古以来，古圣先贤就提倡学习先进人物。孔子曾说："见贤思齐焉，见不贤而内自省也。"也就是说，见到有人在某一方面有超过自己的长处和优点，就虚心请教，认真学习，想办法赶上他，和他达到同一水平；见有人存在某种缺点或不足，就要冷静反省，看自己是不是也有他那样的缺点或不足。向他们学习好的地方，不好的坚决予以摒弃不学。

所以，我们要懂得向古圣先贤学习，向这个时代的英雄人物、科技精英、道德模范学习。因为他们才是真正有德的"明星"。

▶ 身体力行

1. 不盲目崇拜明星。应该分析自己所喜欢的明星具有的优缺点，他们应该具有高尚的人格品质，有内在美，有非凡的气度，等等。

2. 学习明星的优点。将理想远大、有良好品行的人当做偶像，学习他们。

3. 理性地认识明星。明星也是普通人，不要被明星的表面所迷惑。

4. 不疯狂追星。不要把时间和金钱胡乱花在追星上，疯狂追星不应该成为我们生活的一部分。

5.去认识更多的科学之"星"、文化之"星"、英雄之"星"、劳动之"星"、道德之"星"……善于从他们身上吸取积极的人生经验。

▶ 100. 不苛求完美的生活

> 在这个世界上,没有任何一件事物十全十美,或多或少都有一些瑕疵,其实正是这些瑕疵才点缀了这个五彩的世界。所以,我们不要苛求完美,而是以一种务实的态度面对一切,这样每一天才会很快乐。

一个人有一张十分出色的弓,弓由黑檀木制成。这张弓射得又远又准,他非常珍惜。

有一次,他在仔细观察那张弓时,心想:"你稍微有点儿笨重!外观也毫不出色,真可惜!不过这是可以补救的!我去请最优秀的艺术家在你上面雕一些图画。"于是,他请艺术家在弓上雕了一幅完整的行猎图。

拿到弓后,这个人充满了喜悦,不由得赞叹道:"还有什么比一幅行猎图更适合这张弓的呢!你正应配有这种装饰!现在,你终于变得完美了!"一边说着,他一边拉紧了弓。这时,弓却"咔"的一声断了。

其实,人生就像这个人手中的弓一样,苛求完美唯一的结果就是让这张弓毁于一旦,而且,这个人也会因此而后悔不已。

完美并不符合自然规律

每个人都没有必要去苛求完美,因为完美不符合自然规律。花开得虽然艳丽,但它迟早要谢掉;燕舞虽然很美,但秋天一到它们就会向南飞……

追求完美的人因为经常遭遇挫折和压力,强迫自己达到难以实现的目标,并且完全用成绩来衡量自己的价值。结果，就变得极度害怕失败。事实证明，强迫自己追求完美不但有害于身心健康，还会引起沮丧、焦虑、紧张等情绪不安的症状，而且在工作效果、人际关系、自尊心等方面，也会招来失败。

不试图去做完美主义者

完美主义者总是患得患失，害怕失败的焦虑和压力束缚了自己的手脚，压抑了创造性，从而让学习和工作效率降低。完美主义者在性格上表现出固执、死板，给自己或他人设定一个很高的标准，受到挫折就感到痛苦，不能接受。

所以，我们不要做一个完美主义者，要接受目前的自己，重新开始生活。学会忍受我们本身的不完美，用智慧认清自己的缺点。但要记住，如果我们为了缺点而恨透自己，只会招致不幸，千万不要因不完美而痛恨自己。

生活需要简单真实的美

生活需要的只是简单而真实的美，而不是全面而无可挑剔的完美。前者会让人淡泊、平静，轻松愉悦；而后者则会让人感到疲惫、压抑、空虚，无所适从。所以，在我们生活的每一刻，在对待周围的每个人、每件事时，一定要保持不苟求完美的心境，这样我们才能体验到人生的幸福。

世间的每一件事物都是有缺陷、有瑕疵的。就像在大自然中盛开的花朵一样，有的姹紫嫣红，有的香气扑鼻，有的淡淡芬芳，有不畏严寒……每朵花都是美丽的，但却都不是一朵完美的花。虽然它们不完美，但它们作为自然的一部分却都非常重要。

世间没有完美的人

同样，世间也没有完美的人。我们可以看到一个很潇洒的人、一个很博学的人、一个精明强干的人……也许这些人在某一方面的确很有魅力，但我们却不会看到一个完美的人。即使这样，每个人也一定有其独特的妙处。

在生命中，我们有太多差错；在生活中，我们有太多缺憾；在人生中，我们有太多坎坷。这一切都不是完美，而是缺憾，正是这种缺憾才使我们清醒，催我们奋进,才让我们的人生更加多姿多彩。

缺憾是一种客观存在

俗话说:"金无足赤,人无完人。"著名思想家墨子说:"甘瓜苦蒂,天下物无全美。"意思是说瓜是甜的,瓜蒂是苦的,比喻没有十全十美的事和人。南宋著名诗人戴复古也说:"黄金无足色,白璧有微瑕。"这些都说明,任何事物、任何人都不是完美的,同样,生活也不会完美。所以,不要苛求完美的生活。

当我们认识到缺憾是一种客观存在时,就不会再去怨天尤人。面对缺憾,我们也会坦然处之。如此才让我们变得更坚强,更真诚,更加努力,才让我们在生活的每一秒,在对待每个人、每件事时,保持不苛求完美的心境,做幸福的人。

▶ 身体力行

1.要真正认识到,生活中没有绝对完美的事情。每一件事物都或多或少有些瑕疵,所以,千万不要因追求完美而使自己陷入困境。

2.要懂得务实,凡事不要过于苛求。只有这样,我们才会过得更幸福。

3.放弃完美主义。不要把有限生命浪费在追求完美的生活上,否则,最后一定唏嘘感叹,心中充满挫败感。

4.提升心境,知足常乐。完美是一种负累,苛求完美只会让我们感到很累。所以,只要知足者常乐,生活对我们来说就是一种洒脱。